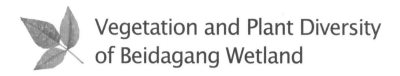

Vegetation and Plant Diversity
of Beidagang Wetland

北大港湿地植被与植物多样性研究

莫训强　贺梦璇　孟伟庆　李洪远　主编

U0158336

海洋出版社

2020年·北京

图书在版编目（CIP）数据

北大港湿地植被与植物多样性研究 / 莫训强等主编 .
—北京：海洋出版社，2020.9
ISBN 978-7-5210-0646-9

Ⅰ.①北… Ⅱ.①莫… Ⅲ.①沼泽化地—植被—研究
—天津②沼泽化地—植物—生物多样性—研究—天津
Ⅳ.① Q948.522.1

中国版本图书馆 CIP 数据核字（2020）第 172459 号

责任编辑：薛菲菲
装帧设计：一瓢文化·邱特聪
责任印制：赵麟苏

海洋出版社 出版发行
http://www.oceanpress.com.cn
北京市海淀区大慧寺路 8 号　　　　　　邮编：100081
中媒（北京）印务有限公司印刷
2020 年 9 月第 1 版　　　　　　2020 年 9 月北京第 1 次印刷
开本：787mm×1092mm　1/16　　　印张：10.25
字数：193 千字　　　　　　　　定价：98.00 元
发行部：010-62132549　邮购部：010-68038093
总编室：010-62100971　编辑室：010-62100095

前　言

　　湿地是陆生和水生生态系统之间具有独特水文、土壤、植被与生物特征的生态系统，是自然界最富生物多样性的生态景观，也是人类最重要的生存环境之一。湿地被誉为"地球之肾"和"物种基因库"，与森林、海洋一起并称为"全球三大生态系统"。湿地生态系统蕴藏着丰富的生物和非生物资源，具有巨大的生态系统服务价值，在抵御洪水、调节径流、蓄洪防旱、控制污染、调节气候、促进碳循环等方面发挥着重要的生态作用。

　　随着社会经济的快速发展，人类对土地的需求迅速增加。湿地常被认为是荒野地，在开发过程中最容易受到干扰、侵占和破坏。近年来，人们对湿地生态价值的认识日益提高，湿地保护和生态恢复工作也越来越受到重视。合理的保护管理措施需建立在对湿地生态系统全面了解和科学认识的基础上，对湿地进行科学考察，掌握一手资料就成为湿地保护管理的前提和基础。科考成果将给管理部门、科研机构等提供基础支持。

　　天津市北大港湿地自然保护区（以下简称"北大港湿地保护区"）于 2001 年经天津市人民政府批准建立，位于天津市大港东南部，总面积 34 887.13hm²，其中核心区面积 11 802hm²，缓冲区面积 9 205.46hm²，实验区面积 13 879.67hm²，主要保护对象为湿地自然生态环境和珍稀野生动植物共同组成的生态系统。北大港湿地涵盖近海与海岸湿地、河流湿地、沼泽湿地、人工湿地四大类，生物多样性丰富，生态系统结构和功能较为完整。尤为突出的是，北大港湿地保护区是世界九大重要候鸟迁徙路线之一——东亚-澳大利亚候鸟迁徙路线（the East Asian-Australasian Flyway）上的重要驿站，国际湿地专家对其生态价值给予了高度评价。2020 年 6 月 8 日，国家林业和草原局发布《2020 年国家重要湿地名录》，将天津市滨海新区北大港湿地列入国家重要湿地名录。加强北大港湿地保护区及其生态系统的管理与保护，对保障天津市经济、社会和环境的可持续发展与区域生态安全具有重要的战略意义。

植被是湿地生态系统的重要组成部分。作为生态系统的生产者，直接或间接为其他生物组分提供了食物来源，也深刻地影响着非生物组分的结构和功能。湿地生态系统的植被科考，有助于系统地掌握植物区系和植被类型组成，从而为湿地生态系统的管理和维护提供科学支撑。自2007年起，南开大学环境科学与工程学院、天津师范大学地理与环境科学学院、北京师范大学生命科学学院、天津市野生动植物保护管理站和天津北大港湿地自然保护区管理中心等单位陆续开展北大港湿地保护区的植被调查工作，分别于2007年、2010年、2013年和2014年对北大港湿地保护区的核心区、缓冲区和实验区的植被进行调查，并取得丰硕的阶段性成果。

2016年7月，天津市十六届人大常委会审议通过了《天津市湿地保护条例》，湿地保护法制体系建设得到全面完善。2017年6月，市委书记李鸿忠亲临北大港湿地自然保护区调研时强调，要严守生态保护红线，坚持绿色发展理念不动摇，全力推进北大港湿地自然保护区管理和北大港水库建设各项工作。2017年8月，《天津市北大港湿地自然保护区总体规划(2017—2025年)》正式公布。该规划提出，"要使北大港湿地自然保护区生态水质和生态环境得到根本改善，湿地面积明显增加，植物群落结构合理"，并将保护区植被科考、调查和监测作为重要工作内容。

2019年，借由保尔森基金会（中国）发起、北京师范大学承担的"天津北大港湿地自然保护区生物多样性调查和监测"项目，天津师范大学地理与环境科学学院的科研团队针对北大港湿地保护区的植被开展新一轮科考工作。通过本轮科考工作，获得北大港湿地保护区较为完整的植物名录，分析植物的区系组成、分布区构成、生活型构成、重点保护植物、入侵植物组成，分析植物群落的类型及其多样性水平。

在现场调查的基础上，科研团队系统整理了以往的植被调查和研究成果，撰写了《北大港湿地植被与植物多样性研究》，全面反映北大港湿地保护区的植被特征，为区域植被研究积累基础资料，为区域植被恢复和生物多样性保护提供坚实的科学支撑。该成果可供相关管理部门和科研人员参考。受调查周期等因素限制，调查数据难免有疏漏，本书也难免存有错误或不足之处，敬请业内专家和同行批评指正。

目录

区域概况

1.1 地理位置和范围

天津市北大港湿地自然保护区（以下简称"北大港湿地保护区"）于 2001 年经天津市政府批准建立，位于天津市东南部，东临渤海，南与河北省黄骅市南大港湿地相邻，地理坐标为 38°36′—38°57′N，117°11′—117°37′E。

建立之初，北大港湿地保护区总面积为 44 240 hm²，占天津市大港区（现为天津市滨海新区大港街道）总面积的 39.7%，由北大港水库、钱圈水库、沙井子水库、独流减河、李二湾、沿海滩涂和官港湖七个区域组成。根据《关于同意调整天津北大港湿地自然保护区的批复（津政函〔2008〕94 号）》，2008 年对北大港湿地保护区进行了相应调整，调整后的北大港湿地保护区范围包括北大港水库、独流减河下游、钱圈水库、沙井子水库、李二湾及南侧用地和李二湾河口沿海滩涂。调整后面积变为 34 887.13 hm²，其中核心区 11 802 hm²，缓冲区 9 205.46 hm²，实验区 13 879.67 hm²。调出面积合计为 9 999 hm²，包括官港湖 2 140 hm² 实验区、独流减河河口至青静黄河口 6 923 hm² 缓冲区、规划建设的津港公路延长线道路与规划管廊预留区 684 hm² 及李二湾津歧公路沿线道路与规划管廊预留区 252 hm²。调入李二湾南侧 1 390.76 hm² 生态用地作为保护区实验区用地。同时将北大港水库东部水面 3 660 hm² 核心区、沙井子水库 680 hm² 核心区、独流减河下游 6 774 hm² 缓冲区、钱圈水库 867 hm² 核心区及 507.91 hm² 缓冲区调整为实验区。调整后的北大港湿地自然保护区功能区划见表 1-1 和图 1-1。

表 1–1 调整后的北大港湿地自然保护区功能区划

功能分区	范围	面积（hm²）
核心区	北大港水库西库：北大港水库大堤以内西部区域	11 802
缓冲区	北大港水库西库沿大堤内外各 100 m； 李二湾：津歧路-子牙新河右堤-太沙路延至北排河北堤-北排河北堤； 沿海滩涂：李二湾东侧沿海滩涂	9 205.46
实验区	李二湾南侧区域：港西街-北排河-津歧路-河北省界； 北大港水库东库部分； 沙井子水库； 钱圈水库； 独流减河下游：东千米桥以西-独流减河北堤-万家码头大桥以东-独流减河南堤；	13 879.67
总计	—	34 887.13

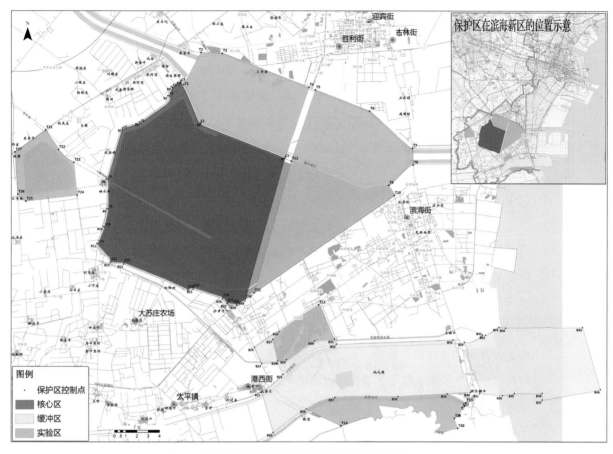

图 1-1　调整后的北大港湿地自然保护区功能区划示意

1.2　湿地类型

根据湿地分类标准，滨海湿地主要分为以下五个类型，即近海及海岸湿地、河流湿地、湖泊湿地、沼泽湿地和人工湿地。北大港湿地保护区包括其中四种，即近海及海岸湿地、河流湿地、沼泽湿地和人工湿地，缺乏典型的湖泊湿地。对北大港湿地保护区的四种湿地类型概述如下。

（1）近海及海岸湿地

近海及海岸湿地发育在陆地与海洋之间，是海洋和大陆相互作用最强烈的地带，生物多样性丰富、生产力高，在防风护岸、降解污染、调节气候等方面具有重要价值。近海及海岸湿地主要可细分为以下多种类型：浅海水域、潮下水生层、沙石海滩、淤泥质海滩、潮间盐水沼泽、河口水域、河口三角洲/沙洲/沙岛、海岸性咸水湖、海岸性淡水湖等。我国的近海及海岸湿地以杭州湾为界分为南、北两部分，其中北部多为砂质和淤泥质海滩，潮间带无脊椎动物丰富，浅水区鱼类较多，为鸟类提供丰富的食物来源和良好的栖息场所。

北大港湿地保护区内的近海及海岸湿地主要分布于东部沿海区域，包括浅海水域、淤泥质海滩、潮间盐水沼泽等亚类，面积约 1 850 hm²，约占北大港湿地保护区总面积的 5.3%。由于该段海岸坡度较平缓，高低潮线之间的淤泥质海滩面积广阔，无脊椎动物极为丰富，为鸻鹬类、鸥类、鹭类等水鸟提供了适宜的觅食环境。天津自 20 世纪 90 年代末将互花米草（*Spartina alterniflora*）引种至沿海滩涂，形成了较为典型的潮间盐水沼泽。除互花米草外，未见其他高等植物在此生长。

（2）河流湿地

河流湿地是重要的湿地类型，它能够调节区域小气候、涵养水分、排蓄泄洪，河流湿地中的植物和微生物能够消纳污水和净化水质。河流湿地可孕育丰富的微生物、浮游动植物、鱼类、两栖类和爬行类动物，构造出复杂的食物链网。在此基础上供养丰富的鸟类（主要为候鸟）、哺乳类 [如草兔（*Lepus capensis*）、刺猬（*Erinaceus amurensis*）和黄鼠狼（*Mustela sibirica*）等] 等食物链上层生物。此外，河流生态系统也为养殖和捕捞提供物质基础，为人类休闲、娱乐、审美和科教提供适宜的场所。河流湿地生态系统水位受季节性降雨的影响，呈现出夏季水位高、其他季节水位低的规律。夏季河漫滩经常被洪水淹没，过了汛期后露出水面，干湿交替的水文条件塑造了极具特色的河漫滩植被。河漫滩植被以挺水植物和湿生植物为主。

北大港湿地保护区内有独流减河、子牙新河、北排河等河渠，形成了面积广阔的河流湿地，包括永久性河流、河漫滩、小型河道和引水沟渠等，面积约 5 760 hm²，约占北大港湿地保护区总面积的 16.5%。河流湿地上的植物种类以水生和湿生植物为主，如芦苇（*Phragmites australis*）、扁秆藨草（*Scirpus planiculmis*）、水烛（*Typha angustifolia*）、水葱（*Schoenoplectus tabernaemontani*）、碱菀（*Tripolium vulgare*）、盐地碱蓬（*Suaeda salsa*）、二色补血草（*Limonium bicolor*）和獐毛（*Aeluropus sinensis*）等。

（3）沼泽湿地

沼泽湿地包括沼泽和沼泽化草甸，特点是地表经常或长期处于湿润状态，具有特殊的成土过程和植被演替规律，部分沼泽有泥炭积累。根据地表植被差异，沼泽又可分为藓类沼泽、草本沼泽、灌丛沼泽、森林沼泽和沼泽性草甸。沼泽湿地是价值极高的湿地生态系统，为野生动植物提供了重要的生长基质和活动空间。

北大港湿地保护区内的沼泽湿地主要分布于独流减河河床、北大港水库库区内湿润和半湿润的地段，主要为草本沼泽。面积约 16 550 hm²，约占北大港湿地保护区总面积的 47.5%。地面植被以挺水植物为主，如芦苇、水烛和扁秆藨草等；湿生植物也较为丰富，如禾本科（Gramineae）和莎草科（Cyperaceae）的草本植物等；零星缀有少量灌木，以柽柳（*Tamarix chinensis*）为主。

（4）人工湿地

人工湿地是指由人工营造或维持的湿地，常呈现规则的形状，外貌特征比较明显，如水稻田、水库、池塘、盐田等。人工湿地的主要功能是为人类的生产和生活提供便利，如养殖鱼塘主要用于水产养殖，排灌沟渠主要用于农田灌溉等。由于长期受到高强度的人为干扰，人工湿地的动植物种类、数量和多样性水平均远不及河流湿地和沼泽湿地。尽管如此，人工湿地在动植物资源保护方面仍然具有不可替代的作用，如秋冬季节养殖池塘清鱼期间，为迁徙鸥类和鹭类等提供栖息地和食物；某些人工湿地如排灌沟渠等，成为黄鼠狼和野兔等的迁移通道和藏匿地。

北大港湿地保护区内的人工湿地斑块众多，分布较广，主要包括水库、养殖池塘、灌溉沟渠和景观水面等类型，面积约 10 700 hm²，约占北大港湿地保护区总面积的 30.7%。人工湿地中的农田排水渠湿地对清除农田非点源污染有重要作用，湿地植被建群种为芦苇或水烛，因降水量和灌溉水量差异，植被的生长和发育有明显的年际动态变化。干旱年份，农田排水渠中积水时间很短，无植被发育；降水较多的年份，农田排水渠中积水时间长，积水深度大，形成芦苇群落或水烛群落。

1.3　地质地貌

北大港湿地保护区在地质构造上属于中国东部黄骅坳陷的一部分，基底岩石埋藏较深，主要岩石包括碳酸盐岩、碎屑岩、火山岩三大类。地形由海岸和退海岸成陆冲积淤泥组成，形成了以河砾黏土为主的盐碱地貌。区内地势平缓，由西南向东北微微降低，坡度小于万分之一，地面高程一般在 3.8~5.0 m。

1.4　气候气象

北大港湿地保护区位于天津市的东南部，四季分明。冬季受蒙古冷高压控制，盛行西北风，天气寒冷干燥；夏季受西北太平洋副热带高压西侧影响，多偏南风，高温高湿；春秋季为季风转换期，其中春季干旱多风，冷暖多变，秋季天高云淡，风和日丽。全年以冬季最长，有 156~167 天；夏季次之，有 87~103 天；春季有 56~61 天；秋季最短，有 50~55 天。1980—2018 年间，年平均气温 12.1℃，1月平均气温为−4.8℃，7月平均气温为26℃，年无霜期约211天。雨热同季，年平均降水量593.6 mm，降水多集中于6—9月；年均蒸发量1 940 mm。

1.5　水文条件

北大港湿地保护区河流纵横交错，坑塘洼淀多，境内有独流减河、子牙新河、北排河等河渠，主要担负输水、引水和防汛期泄洪任务。地下水位线多在地面1 m以下，浅层地下淡水较少。水体主要依靠大气降水和人工补给，其中北大港水库的平均枯水位为海拔2.5 m，平水位为5.5 m，丰水位为7.0 m；最大水深为4.5 m，平均水深为3 m，水库蓄水量为5.5×10^8 m^3。

1.6　土壤

北大港湿地保护区地势低洼平坦，多静水沉积，由于过去河流泛滥和长期引水，沉积了不同质地的土壤。地形较高地为轻壤土和沙壤土，洼地多为重壤土和中壤土。由于各河流连续和交替的冲积作用，土壤层次也较复杂，土层厚度一般在0.3~0.6 m。土壤类型以盐化潮土和滨海盐土为主，其中潮土分布面积较大。

1.7　社会经济

北大港湿地保护区周边有6个街镇，分别为海滨街、太平镇、小王庄镇、大港街、中塘镇及古林街。涉及60个行政村，其中，小王庄镇20个村，太平镇19个村，中塘镇12个村，海滨街6个村，古林街3个村。共有8万多常住人口，村民中有汉族、回族、满族、蒙古族和朝鲜族等近20个民族。

北大港湿地保护区地处中国石化集团天津石油化工公司、大港油田和天津南港工业区三个工业区夹角范围内，紧邻全国重要的石油石化产业基地，周边分布大量企业，如保护区西北侧有中沙（天津）石化有限公司和中国石化集团天津分公司，北侧有大港海洋石化工业园区，东侧有大港发电厂，南侧有大港油田和"陕气进津"的储备库。由于历史遗留的土地权属问题，保护区内有种养殖行为。

2

研究方法

2.1　文献回顾

科研团队系统地查阅了 2007 年、2010 年、2013 年和 2014 年的《天津北大港湿地自然保护区植被调查报告》，分析了天津市和津南区等各尺度内涉及北大港湿地保护区植物研究的文献、书籍和网站等资料，全面掌握了北大港湿地保护区植物相关研究成果。针对以往的植物调查和研究中存在的缺陷和不足，2019 年度植被与植物多样性研究予以补充和完善。

2.2　野外科考

2.2.1　科考时间

北大港湿地保护区植被与植物多样性野外科考历时一年；其中野外调查工作于 2019 年 4 月开始，10 月初结束，历时半年。野外工作主要分为三个阶段：

第一阶段：样地踏查和早春草本植物种类普查阶段（4—5 月），对调查区域进行系统的踏查，全面掌握调查区域植被的空间特征，初步确定样地数量和分布；同时，在踏查样地中观察和记录早春草本植物［如附地菜（*Trigonotis peduncularis*）、夏至草（*Lagopsis supina*）］的种类组成和分布情况，并将调查结果补充到植物多样性研究名录中。

第二阶段：样地和样方调查阶段（6—9 月），对设置的样地和样方开展详细的群落调查。本阶段调查分 7 次进行，共设置了 48 个样地、368 个样方。每次调查时间持续 3~5 天不等，具体调查时间和工作量安排见表 2-1。

表 2-1　北大港湿地保护区植被调查时间和工作量安排

时间	调查样地数（个）	调查样方数（个）
2019 年 6 月 15 —18 日	4	32
2019 年 6 月 25 —28 日	3	24
2019 年 7 月 4 —8 日	7	51
2019 年 7 月 15 —18 日	13	103
2019 年 7 月 20 —22 日	10	85
2019 年 8 月 18 —21 日	8	48
2019 年 9 月 3 —5 日	3	25
总计	48	368

第三阶段：补充调查阶段（10 月），对样地和样方未覆盖的区域进行补充调查，重点关注人工栽培物种的情况，仅记录前期调查未记录的植物种类组成和分布情况，并将调查结果补充到植物多样性研究名录中。

2.2.2 科考范围和样地布设

2019 年北大港湿地保护区植被与植物多样性科考的范围为天津市北大港湿地自然保护区全境。

（1）样地布设

样地的布设原则上均匀分布且遵循以下原则。① 代表性。样地内须有特定的典型群落，能够代表北大港湿地保护区植被类型。② 全面性。样地能够基本覆盖北大港湿地保护区的调查区域，能够全面反映北大港湿地保护区植被状况。③ 完整性。所选择的样地，如果是零星小块者，虽然优势植物显著也不宜选用。④ 灵活性。如果样地植被群落分布和结构都比较均一，则布设少数样方；如果群落结构复杂且变化较大、植物分布不规则时，则提高样方数量。

北大港湿地保护区植被与植物多样性科考的样地布局参照《县域植被多样性调查与评估技术规定》。空间坐标系采用 "2000 国家大地坐标系" "国家高程基准" 和高斯克吕格投影。创建采用 1 km×1 km 分辨率网格对北大港湿地进行划分。网格编号采用 8 位编号，前四位为（x 坐标 +5 000）/10 取整后乘以 10，后四位为 y 坐标 /10 取整后乘以 10，x、y 坐标均以 km 表示。

结合前期北大港植被调查线路及生态补水区域分布，按划分网格选取调查样地。此次北大港植被与植物多样性调查共设置 48 个样地。样地位置见图 2-1。

图 2-1　北大港湿地保护区植被与植物多样性科考样地设置示意

红色区域为核心区，黄色区域为缓冲区，绿色区域为实验区，白色方框为样地

（2）样方设计

每个样地设乔木样方 2 个，灌木样方 3 个，草本样方 5 个。如果样地植被群落分布和结构都比较均一，则适当减少样方数量；如果群落结构复杂且变化较大，则适当提高样方数量。其中，乔木和灌木群落样方依据木本植物分布情况随机设置。草本群落则是在样方四角和中心设置 5 个 1 m × 1 m 的小样方，样方设置见图 2-2。

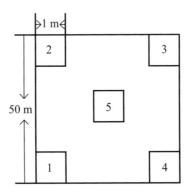

图 2-2　草本群落样方设置

北大港湿地保护区植被与植物多样性科考共设计调查样地 48 个，调查样方 368 个，其中乔木样方 50 个，灌木样方 53 个，草本样方 265 个，样地和样方信息见表 2-2。

表 2-2　北大港湿地保护区植被调查样地和样方信息

样地编号	样方数量（个）	纬度（°N）	经度（°E）	海拔（m）	网格编号	干扰强度	地形
001	8	38.804 680	117.319 050	5	60486230	弱	平原道路路旁
002	9	38.792 650	117.296 850	5	60474228	弱	平原道路路旁
003	7	38.781 850	117.269 380	5	60444227	弱	平原道路路旁
004	7	38.762 450	117.262 610	5	60444225	弱	平原道路路旁
005	11	38.769 990	117.278 900	5	60454226	弱	平原芦苇沼泽
006	7	38.777 390	117.294 210	4	60474227	中	平原村庄保留地
007	8	38.769 230	117.310 010	4	60484226	弱	平原芦苇沼泽
008	6	38.757 480	117.333 560	4	60504225	弱	平原芦苇沼泽
009	6	38.722 320	117.327 950	4	60504221	弱	平原芦苇沼泽
010	6	38.740 450	117.285 080	5	60464222	强	平原耕地
011	8	38.735 740	117.259 410	5	60444222	中	平原道路路旁

样地编号	样方数量（个）	纬度（°N）	经度（°E）	海拔（m）	网格编号	干扰强度	地形
012	7	38.709 760	117.255 280	5	60444219	中	平原道路路旁
013	8	38.700 660	117.280 310	5	60464218	中	平原道路路旁
014	8	38.692 790	117.306 470	5	60494217	中	平原道路路旁
015	6	38.682 250	117.349 830	5	60534216	中	平原道路路旁
016	7	38.692 230	117.386 220	5	60564218	中	平原道路路旁
017	8	38.706 190	117.413 690	5	60584220	中	平原道路路旁
018	7	38.722 510	117.443 580	5	60604222	中	平原道路路旁
019	13	38.741 590	117.480 420	5	60634225	中	平原道路路旁
020	8	38.748 460	117.470 170	5	60624225	弱	平原河漫滩
021	7	38.754 110	117.443 690	4	60604226	弱	平原河漫滩
022	7	38.738 460	117.439 440	4	60594224	弱	沼泽地
023	9	38.762 700	117.410 350	5	60574226	弱	平原河漫滩
024	12	38.799 120	117.323 360	4	60494229	弱	平原河漫滩
025	10	38.785 790	117.335 160	5	60504228	弱	平原河漫滩
026	9	38.778 310	117.362 390	4	60524227	弱	平原河漫滩
027	11	38.768 390	117.386 730	5	60554227	中	平原耕地废弃地
028	13	38.760 170	117.437 150	4	60594226	弱	平原芦苇沼泽
029	8	38.768 360	117.420 790	5	60574227	弱	平原芦苇沼泽
030	5	38.774 880	117.402 730	4	60564227	弱	平原芦苇沼泽
031	5	38.785 480	117.432 560	5	60584229	弱	平原芦苇沼泽
032	6	38.801 200	117.416 830	5	60574231	弱	平原芦苇沼泽
033	6	38.789 900	117.404 450	5	60564229	弱	平原芦苇沼泽
034	7	38.765 400	117.223 590	5	60414224	中	平原人工库塘
035	5	38.745 990	117.216 990	5	60404222	中	平原人工库塘
036	5	38.744 100	117.194 230	5	60394222	中	平原人工库塘
037	5	38.765 150	117.191 690	5	60384224	中	平原人工库塘
038	6	38.657 000	117.388 570	5	60564214	中	平原人工库塘
039	7	38.677 720	117.424 800	5	60594217	中	平原人工库塘

样地编号	样方数量（个）	纬度（°N）	经度（°E）	海拔（m）	网格编号	干扰强度	地形
040	6	38.663 650	117.434 950	5	60604215	中	平原人工库塘
041	7	38.644 590	117.392 970	5	60574213	中	平原人工库塘
042	9	38.773 834	117.476 146	5	60624228	中	平原河漫滩
043	8	38.805 151	117.365 717	5	60524230	中	平原河漫滩
044	9	38.827 220	117.344 999	5	60504233	中	平原河漫滩
045	7	38.644 095	117.581 703	3	60734215	中	潮间带滩涂
046	10	38.721 569	117.380 493	4	60554221	弱	平原芦苇沼泽
047	8	38.644 978	117.526 979	4	60684214	中	平原人工库塘
048	6	38.631 940	117.436 817	4	60614212	中	平原人工库塘

2.2.3 科考内容

（1）群落调查

群落调查以层为单位分为乔木层、灌木层、草本层和层间植物，分别对各层进行以下内容的调查。

① 乔木群落：记录组成群落的种类、密度、高度、冠幅、胸径、枝下高、多度、盖度、物候期、乔木幼苗数量、乔木幼树数量和生活状况等。

② 灌木群落：记录组成群落的种类、密度、高度、冠幅、胸径、枝下高、多度、盖度和物候期等。

③ 草本群落：记录各植物物种的种类、数量、高度、藤本高度、多度、盖度和物候期等。

④ 其他群落：对乔木、灌木和草本样方，除样方内植物，记录样方外 100 m 范围内的其他植物种类。

调查中，对所有植物种类，均拍摄能够体现植物生长环境和形态特征的图片。尽量在现场对物种进行鉴定，对不能现场鉴定的种类，将采集到的植物标本带回实验室进行鉴定。鉴定物种主要依据《中国植物志》和《天津植物志》等工具书进行。

（2）植被类型调查

① 群落名称：本轮科考以群系为植被景观类型的最小单元，群系为建群种或共建群种相同的植物群落的联合。

② 群落大小：主要记录其分布面积。

③ 群落分层：即群系的垂直结构，一般包括乔木层、灌木层和草本层，并记录各层优势种与主要伴生种。

④ 群落盖度：即群系整体的盖度。

调查中，拍摄各植被类型的整体外貌特征照片。

（3）环境条件调查

① 地理位置：经度、纬度、海拔和样地编号等。

② 地形条件：地形、海拔、坡向、坡度和土壤类型等。

③ 人类干扰：干扰类型和干扰程度等。

调查中，拍摄典型生境和反映人为干扰状况的照片。

2.2.4 数据分析依据

（1）植物区系分析

野生种子植物科的分布区类型分析采用专家咨询和资料检索相结合的方法。植物区系依据《世界种子植物科的分布区类型系统》《〈世界种子植物科的分布区类型系统〉的修订》和《中国种子植物属的分布区类型》。

（2）野生和栽培植物划定

植物的野生和人工栽培属性主要依据《中国植物志》《天津植物志》和天津市园林绿化的相关资料来确定。

（3）保护植物分析

国家级野生保护植物分析依据《国家重点保护野生植物名录（第一批）》（1999年8月4日国家林业局、农业部第4号令发布，1999年9月9日起施行）、《中国生物多样性红色名录——高等植物卷》（环境保护部和中国科学院联合编制，2013年发布）和《濒危野生动植物种国际贸易公约》附录（2013年）。

（4）外来物种分析

外来物种的界定参考环境保护部和中国科学院联合发布的《中国第一批外来入侵物种名单》（2003年）、《中国第二批外来入侵物种名单》（2010年）、《中国外来入侵物种名单（第三批）》（2014年）和《中国自然生态系统外来入侵物种名单（第四批）》（2016年）。

（5）植被类型划分

植被景观类型可采用群落优势种直接观测和资料检索相结合的方法来确定。植被景观类型划分主要依据《中国植被》，按照保护区内不同斑块与立地类型，并结合植被景观多样性的特点，基于实地调查结果和专家咨询进行划分。

2.2.5 数据分析方法

(1) 多度

多度是对物种个体数目多少的一种估测指标，多用于群落野外调查。国内多采用德鲁捷（Drude）的七级多度制，见表 2-3。

表 2-3　植物种类七级多度制

类型	含义
Soc.（Sociales）	极多，植物地上部分郁闭
Cop.（Copiosae）	多
Cop3	数量很多
Cop2	数量多
Cop1	数量尚多
Sp.（Sparsal）	数量不多而分散
Sol.（Solitariae）	数量很少而稀疏
Un.（Unicum）	个别或单株

(2) 密度

密度是指单位面积内的植物个体数。其中乔木、灌木和丛生草本以植株或株丛计数，根茎植物以地上枝条计数。

(3) 盖度

盖度是指植物地上部分垂直投影面积占样地面积的百分比，即投影盖度，用百分比（%）来表示。盖度可分为种盖度（分盖度）、层盖度（种组盖度）和总盖度（群落盖度）。

(4) 高度

高度是指植株自然生长状态的垂直高度。低矮的植株用尺直接量取高度。较准确测量树高需使用仪器（如测高仪等），简单的可以用直尺自制简易测高仪或目测估计。

(5) 冠幅

冠幅是指木本植物树冠的幅度，常用植物南北和东西方向长度的平均值来表示。常通过测量树冠投影来间接测算植物的冠幅。

(6) 胸径

胸径是指乔木主干离地表面胸高处的直径，断面畸形时，测取最大值和最小值的平均值。不同的乔木的胸高有差异，不同的国家对胸径的规定也有差别，本次调查把胸高位置定为地面以上 1.3 m 的高处。

（7）枝下高

枝下高是指树干上最下面一个活枝所在的高度。

（8）香农–威纳（Shannon-Wiener）多样性指数（H）

计算方法见式（2-1）。

$$H = -\sum_{i=1}^{s} p_i \times \ln p_i \tag{2-1}$$

式中，S 为物种数目；p_i 为属于种 i 的个体在全部个体中的比例。

（9）辛普森（Simpson）多样性指数（D）

计算方法见式（2-2）。

$$D = 1 - \sum_{i=1}^{s} (p_i)^2 \tag{2-2}$$

式中，S 为物种数目；p_i 为种 i 的个体数占群落中总个体数的比例。

（10）Pielou 均匀度指数（E）

计算方法见式（2-3）。

$$E = H / \ln S \tag{2-3}$$

式中，H 为香农–威纳多样性指数；S 为群落中的总种数。

结果与分析

科考团队对北大港湿地保护区全境开展了植被与植物多样性科考工作，整个科考工作历时 1 年，其中调查前期准备工作历时约 1 个月，野外调查工作历时半年，内业整理和研究报告撰写工作历时约 5 个月。植被与植物多样性科考共设置样地 48 个、调查样点 368 个。科考参与人员累计 150 人次，车辆 50 台次，调查路线超过 650 km，采集植物标本 110 余份，拍摄植物图片 3 970 余张。

通过本轮植被与植物多样性研究，较为全面而系统地掌握了北大港湿地保护区的植物种类组成、野生科属的区系类型构成、植物种类的生活型组成，摸清了植被类型的组成及其分布，分析了典型群落的组成和多样性水平，考察了重点保护植物和外来入侵植物的种类组成和分布。现对上述研究结果分析如下。

3.1 植物区系分析

3.1.1 植物种类组成

本轮植被与植物多样性科考共记录种子植物 65 科 176 属 260 种（含种下阶元，包括 1 个亚种，10 个变种，3 个变型，8 个栽培品种），植物类群的科属种组成见表 3-1。

表 3-1 植物类群的科属种组成

植物类群	科数	占比（%）	属数	占比（%）	种数	占比（%）
蕨类植物	2	3.077	2	1.136	2	0.769
裸子植物	2	3.077	3	1.705	4	1.538
双子叶植物	52	80.000	133	75.568	204	78.462
单子叶植物	9	13.846	38	21.591	50	19.231
合计	65	100.000	176	100.000	260	100.000

其中，蕨类植物 2 科 2 属 2 种 [即节节草（*Equisetum ramosissimum*）和苹（*Marsilea quadrifolia*）]，裸子植物 2 科 3 属 4 种 [即银杏（*Ginkgo biloba*）、侧柏（*Platycladus orientalis*）、龙柏（*Juniperus chinensis* ‘Kaizuka’）和铺地柏（*Juniperus procumbens*）]，被子植物中双子叶植物 52 科 133 属 204 种，单子叶植物 9 科 38 属 50 种。

从各科包含的种数来看，包含物种最多的 5 个科依次为菊科（Compositae）、禾本科、豆科（Leguminosae）、蔷薇科（Rosaceae）和藜科（Cheno-podiaceae）。仅包含 2 种的有 7 个科，仅包含 1 种的达 33 个科，可见小科较多，单属种的科极多，各科包含的种类及其占比见表 3-2。

表 3-2 各科包含的种类及其占比

种类级别	科名	科数占比（%）	种数	种数占比（%）
不低于 30 种的科（共 2 科）	菊科（Compositae）	3.08	34	13.08
	禾本科（Gramineae）		32	12.31
不低于 10 种但小于 30 种的科（共 3 科）	豆科（Leguminosae）	4.62	19	7.31
	蔷薇科（Rosaceae）		18	6.92
	藜科（Chenopodiaceae）		13	5.00
不低于 5 种但小于 10 种的科（共 10 科）	蓼科（Polygonaceae）	15.38	8	3.08
	十字花科（Cruciferae）		8	3.08
	锦葵科（Malvaceae）		7	2.69
	旋花科（Convolvulaceae）		7	2.69
	唇形科（Labiatae）		6	2.31
	木犀科（Oleaceae）		6	2.31
	茄科（Solanaceae）		6	2.31
	莎草科（Cyperaceae）		6	2.31
	桑科（Moraceae）		6	2.31
	苋科（Amaranthaceae）		5	1.92
含 4 种的科（共 2 科）	杨柳科（Salicaceae）、紫草科（Boraginaceae）	3.08	8	3.08
含 3 种的科（共 8 科）	百合科（Liliaceae）、柏科（Cupressaceae）、车前科（Plantaginaceae）、大戟科（Euphorbiaceae）、葫芦科（Cucurbitaceae）、萝藦科（Asclepiadaceae）、眼子菜科（Potamogetonaceae）、榆科（Ulmaceae）	12.31	24	9.23
含 2 种的科（共 7 科）	浮萍科（Lemnaceae）、蒺藜科（Zygophyllaceae）、堇菜科（Violaceae）、葡萄科（Vitaceae）、漆树科（Anacardiaceae）、鼠李科（Rhamnaceae）、玄参科（Scrophulariaceae）	10.77	14	5.38

种类级别	科名	科数占比(%)	种数	种数占比(%)
含1种的科（共33科）	白花丹科（Plumbaginaceae）、报春花科（Primulaceae）、柽柳科（Tamaricaceae）、茨藻科（Najadaceae）、虎耳草科（Saxifragaceae）、花蔺科（Butomaceae）、夹竹桃科（Apocynaceae）、金鱼藻科（Ceratophyllaceae）、苦木科（Simaroubaceae）、楝科（Meliaceae）、柳叶菜科（Onagraceae）、龙胆科（Gentianaceae）、马鞭草科（Verbenaceae）、马齿苋科（Portulacaceae）、牻牛儿苗科（Geraniaceae）、毛茛科（Ranunculaceae）、木贼科（Equisetaceae）、苹科（Marsileaceae）、茜草科（Rubiaceae）、忍冬科（Caprifoliaceae）、伞形科（Umbelliferae）、石榴科（Punicaceae）、柿树科（Ebenaceae）、卫矛科（Celastraceae）、无患子科（Sapindaceae）、香蒲科（Typhaceae）、小檗科（Berberidaceae）、小二仙草科（Haloragaceae）、悬铃木科（Platanaceae）、银杏科（Ginkgoaceae）、鸢尾科（Iridaceae）、芸香科（Rutaceae）和酢浆草科（Oxalidaceae）	50.77	33	12.69
合计	—	100.00	260	100.00

从各属所包含的种数来看，包含种类最多的 5 个属依次为蒿属（*Artemisia*）、苋属（*Amaranthus*）、藜属（*Chenopodium*）、蓼属（*Polygonum*）和桃属（*Amygdalus*）。仅含 2 种的属有 32 属，单种属达到 125 属，占比较大。各属包含的种类及其占比见表 3-3。

表 3-3　各属包含的种类及其占比

种类级别	属名	属数占比(%)	种数	种数占比(%)
不低于5种的属（共5属）	蒿属（*Artemisia*）		7	2.69
	苋属（*Amaranthus*）		6	2.31
	藜属（*Chenopodium*）	2.84	5	1.92
	蓼属（*Polygonum*）		5	1.92
	桃属（*Amygdalus*）		5	1.92
含4种的属（共1属）	鬼针草属（*Bidens*）	0.57	4	1.54
含3种的属（共13属）	藨草属（*Scirpus*）、车前属（*Plantago*）、碱茅属（*Puccinellia*）、豇豆属（*Vigna*）、梨属（*Pyrus*）、李属（*Prunus*）、木槿属（*Hibiscus*）、苹果属（*Malus*）、牵牛属（*Pharbitis*）、酸模属（*Rumex*）、眼子菜属（*Potamogeton*）、益母草属（*Leonurus*）、榆属（*Ulmus*）	7.39	39	15.00

续表

种类级别	属名	属数占比(%)	种数	种数占比(%)
含2种的属（共32属）	稗属（*Echinochloa*）、滨藜属（*Atriplex*）、草木犀属（*Melilotus*）、刺槐属（*Robinia*）、大豆属（*Glycine*）、大戟属（*Euphorbia*）、地肤属（*Kochia*）、丁香属（*Syringa*）、独行菜属（*Lepidium*）、鹅观草属（*Roegneria*）、鹅绒藤属（*Cynanchum*）、狗尾草属（*Setaria*）、枸杞属（*Lycium*）、蔊菜属（*Rorippa*）、画眉草属（*Eragrostis*）、槐属（*Sophora*）、碱蓬属（*Suaeda*）、堇菜属（*Viola*）、苦苣菜属（*Sonchus*）、连翘属（*Forsythia*）、柳属（*Salix*）、马唐属（*Digitaria*）、苜蓿属（*Medicago*）、茄属（*Solanum*）、莎草属（*Cyperus*）、菟丝子属（*Cuscuta*）、向日葵属（*Helianthus*）、小苦荬属（*Ixeridium*）、鸦葱属（*Scorzonera*）、杨属（*Populus*）、圆柏属（*Sabina*）、枣属（*Ziziphus*）	18.18	64	24.62
含1种的属（共125属）	白刺属（*Nitraria*）、白酒草属（*Conyza*）、白茅属（*Imperata*）、百日菊属（*Zinnia*）、斑种草属（*Bothriospermum*）、播娘蒿属（*Descurainia*）、补血草属（*Limonium*）、苍耳属（*Xanthium*）、侧柏属（*Platycladus*）、梣属（*Fraxinus*）、柽柳属（*Tamarix*）、翅果菊属（*Pterocypsela*）、臭草属（*Melica*）、臭椿属（*Ailanthus*）、茨藻属（*Najas*）、葱属（*Allium*）、打碗花属（*Calystegia*）、大麻属（*Cannabis*）、地黄属（*Rehmannia*）、地锦属（*Parthenocissus*）、地笋属（*Lycopus*）、点地梅属（*Androsace*）、番茄属（*Lycopersicon*）、浮萍属（*Lemna*）、附地菜属（*Trigonotis*）、甘草属（*Glycyrrhiza*）、刚竹属（*Phyllostachys*）、高粱属（*Sorghum*）、狗娃花属（*Heteropappus*）、狗牙根属（*Cynodon*）、构属（*Broussonetia*）、合欢属（*Albizia*）、鹤虱属（*Lappula*）、狐尾藻属（*Myriophyllum*）、胡枝子属（*Lespedeza*）、虎尾草属（*Chloris*）、花椒属（*Zanthoxylum*）、花蔺属（*Butomus*）、黄顶菊属（*Flaveria*）、黄瓜属（*Cucumis*）、黄花稔属（*Sida*）、黄栌属（*Cotinus*）、黄耆属（*Astragalus*）、蒺藜属（*Tribulus*）、蓟属（*Cirsium*）、碱菀属（*Tripolium*）、金鱼藻属（*Ceratophyllum*）、孔颖草属（*Bothriochloa*）、栝楼属（*Trichosanthes*）、赖草属（*Leymus*）、鳢肠属（*Eclipta*）、楝属（*Melia*）、芦苇属（*Phragmites*）、芦竹属（*Arundo*）、栾树属（*Koelreuteria*）、罗布麻属（*Apocynum*）、萝藦属（*Metaplexis*）、葎草属（*Humulus*）、马齿苋属（*Portulaca*）、马兰属（*Kalimeris*）、曼陀罗属（*Datura*）、牻牛儿苗属（*Erodium*）、毛茛属（*Ranunculus*）、米草属（*Spartina*）、米口袋属（*Gueldenstaedtia*）、棉属（*Gossypium*）、牡荆属（*Vitex*）、木贼属（*Equisetum*）、泥胡菜属（*Hemistepta*）、牛鞭草属（*Hemarthria*）、女贞属（*Ligustrum*）、泡桐属（*Paulownia*）、苹属（*Marsilea*）、	71.02	125	48.08

20

种类级别	属名	属数占比 (%)	种数	种数占比 (%)
含1种的属（共125属）	葡萄属（*Vitis*）、蒲公英属（*Taraxacum*）、荠属（*Capsella*）、茜草属（*Rubia*）、苘麻属（*Abutilon*）、秋英属（*Cosmos*）、忍冬属（*Lonicera*）、榕属（*Ficus*）、乳苣属（*Mulgedium*）、桑属（*Morus*）、砂引草属（*Messerschmidia*）、山桃草属（*Gaura*）、山楂属（*Crataegus*）、䅟属（*Eleusine*）、蛇床属（*Cnidium*）、石榴属（*Punica*）、柿属（*Diospyros*）、匙荠属（*Bunias*）、黍属（*Panicum*）、蜀葵属（*Althaea*）、鼠尾草属（*Salvia*）、丝兰属（*Yucca*）、溲疏属（*Deutzia*）、薹草属（*Carex*）、铁苋菜属（*Acalypha*）、委陵菜属（*Potentilla*）、卫矛属（*Euonymus*）、西瓜属（*Citrullus*）、夏至草属（*Lagopsis*）、香蒲属（*Typha*）、小檗属（*Berberis*）、小麦属（*Triticum*）、杏属（*Armeniaca*）、莕菜属（*Nymphoides*）、绣线菊属（*Spiraea*）、萱草属（*Hemerocallis*）、悬铃木属（*Platanus*）、旋覆花属（*Inula*）、旋花属（*Convolvulus*）、盐肤木属（*Rhus*）、盐角草属（*Salicornia*）、盐芥属（*Thellungiella*）、野黍属（*Eriochloa*）、银杏属（*Ginkgo*）、隐子草属（*Cleistogenes*）、玉蜀黍属（*Zea*）、鸢尾属（*Iris*）、獐毛属（*Aeluropus*）、猪毛菜属（*Salsola*）、紫萍属（*Spirodela*）、紫穗槐属（*Amorpha*）、酢浆草属（*Oxalis*）	71.02	125	48.08
合计	—	100.00	260	100.00

3.1.2 发现的新记录种

本轮北大港湿地保护区植被与植物多样性科考共发现新记录植物 5 种，此前在《天津植物志》及其他已公开发表文献中均未有记录，即合被苋（*Amaranthus polygonoides*）、发枝黍（*Panicum capillare*）、刺黄花稔（*Sida spinosa*）、小花山桃草（*Gaura parviflora*）和马泡瓜（*Cucumis melo* var. *agrestis*）（见附录 2），简述如下。

① 合被苋：苋科苋属一年生草本植物，原产于加勒比海岛屿、美国等地，20 世纪 70 年代末在我国首次被发现，先已见于北京、河北、山东等省（市）。本科考团队近年来在天津多地发现合被苋种群，并首次在北大港湿地保护区发现其种群。本轮科考发现的合被苋分布于北大港水库北侧和西侧大堤堤顶内侧的荒草地或林下。

② 发枝黍：禾本科黍属一年生草本植物，原产于北美洲。本科考团队最早于 2010 年在天津市宁河区七里海湿地发现其踪迹，此后在天津多处湿地发现发枝黍种群。自 2018 年开始，中国科学院植物研究所林秦文研究员也在河北省多个县市发现发枝黍种群。本轮科考首次在北大港湿地保护区发现其种群，分布于北大港水库北侧和西侧大堤堤顶内侧的荒草地或林下。

③ 刺黄花稔：锦葵科黄花稔属多年生草本植物，原产于美洲，近年来见于我国东部沿海城市，多为海关检测发现。本科考团队最早于 2018 年在天津市宝坻区发现其踪迹，此后在天津多地发现刺黄花稔种群。本轮科考首次在北大港湿地保护区钱圈水库发现其种群。

④ 小花山桃草：柳叶菜科山桃草属一年生草本植物，原产于美国，尤以中西部分布广，南美洲、欧洲、亚洲、澳大利亚有引种并逸为野生。20 世纪 50 年代河南省引种栽培，现广泛见于华北和黄淮地区。本科考团队最早于 2019 年在天津市静海区发现其踪迹。本轮科考首次在北大港湿地保护区独流减河北河槽堤顶路旁发现其种群。

⑤ 马泡瓜：葫芦科黄瓜属一年生匍匐或攀援草本植物，在国内多地常被误鉴定为赤瓟（*Thladiantha dubia*）；原产于非洲，我国南北各地有少许栽培，后普遍逸为野生。本科考团队最早于 2010 年在天津市宁河区发现其踪迹。本轮科考在北大港水库西侧大堤堤顶路内侧发现其种群。

3.2 野生和栽培植物组成分析

在上述植物中，野生植物共有 49 科 127 属 181 种（含种下阶元，包括 1 个亚种，7 个变种），栽培植物共有 29 科 60 属 79 种（含种下阶元，包括 3 个变种，3 个变型，8 个栽培品种）。总体而言，野生植物种类占比较大，栽培植物种类占比较小。野生植物和栽培植物的科属种组成及占比见图 3-1 和表 3-4。

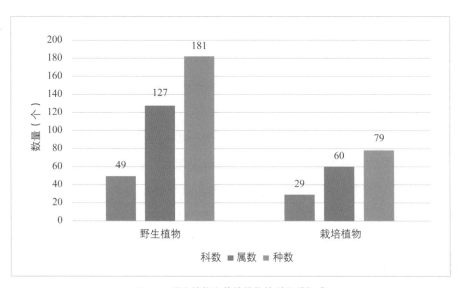

图 3-1　野生植物和栽培植物的科属种组成

表3-4 野生植物和栽培植物的科属种占比

分类阶元	所有植物	野生植物		栽培植物	
		种数（个）	占比（%）	种数（个）	占比（%）
科数	65	49	75.38	29	44.62
属数	176	127	72.16	60	34.09
种数	260	181	69.62	79	30.38

3.2.1 野生植物

本轮科考所记录野生植物的种类组成如下。

在科一级，含10种以上的科有3科，分别为菊科（30种，占种总数的11.54%）、禾本科（27种，占种总数的10.38%)和藜科（12种，占种总数的4.62%）；含5~9种的科有7科，依次为豆科（9种，占种总数的3.46%），十字花科和蓼科（均为8种，占种总数的3.08%），旋花科（7种，占种总数的2.69%），唇形科、莎草科和苋科（均6种，占种总数的2.31%）；含2~4种的科有13科，占科总数的20.00%，代表科如桑科（4种）、大戟科（3种）、浮萍科（2种）等；单种科有26科，占科总数的40.00%，代表科如柽柳科、茜草科、伞形科和花蔺科等。

在属一级，含7种的属仅有1属，即蒿属；含6种的属仅有1属，即苋属；含5种的有2属，即藜属和蓼属；含3种的属有7属，即牵牛属、眼子菜属、酸模属、车前属、碱茅属、益母草属和藨草属；含2种的属有18属，占属总数的10.23%，如大戟属、独行菜属、狗尾草属和鸦葱属等；区域内单种属有97属，占属总数的55.11%，如甘草属、打碗花属、乳苣属和狗牙根属等，可见野生的单种属极为丰富。

3.2.2 栽培植物

本轮科考所记录栽培植物的种类组成如下。

在科一级，含10种及以上的科仅有2科，即蔷薇科和豆科。其中，蔷薇科包含16种，占种总数的6.15%，如紫叶李（*Prunus cerasifera* f. *atropurpurea*）、桃（*Amygdalus persica*）、榆叶梅（*Amygdalus triloba*）和杏（*Armeniaca vulgaris*）等；豆科包含10种，占种总数的3.85%，如槐（*Sophora japonica*）、合欢（*Albizia julibrissin*）和大豆（*Glycine max*）等。含5~9种的科有2科，分别为木犀科（6种，占种总数的2.31%）和禾本科（5种，占种总数的1.92%）；含4种的科有2科，即锦葵科和菊科；含3种的科有4科，即杨柳科、百合科、柏科和茄科；含2种的科有3科，即葡萄科、漆树科和榆科；区域内人工栽培的单种科有16科（占科总数的24.62%），如银杏科、芸香科、小檗科和卫矛科等。

在属一级，含 5 种及以上的属仅有 1 属，即桃属；含 3 种的属有 2 属，即苹果属和李属；含 2 种的有 11 属（占属总数的 6.25%），如圆柏属、豇豆属、连翘属和木槿属等；区域内人工栽植的单种属共有 46 属（占属总数的 26.14%），如侧柏属、合欢属、忍冬属和玉蜀黍属等，可见栽培的单种属极为丰富。

3.3　分布区类型分析

本轮科考共记录野生种子植物 47 科 125 属，对科和属的分布区类型分析如下。

3.3.1　野生植物科的分布区类型

依据吴征镒《〈世界种子植物科的分布区类型系统〉的修订》（2003）中对世界种子植物科的分布区类型划分，可将调查区域内野生种子植物 47 科划分为 5 个分布区类型。其中属于世界分布性质的科最多，为 34 科，占野生科总数的 72.34%，如车前科、豆科和堇菜科等；其次为属于泛热带分布性质的科，共 7 科，占野生科总数的 14.89%，如锦葵科、蒺藜科和葫芦科等；属于北温带分布性质的有 4 科，占野生科总数的 8.51%，包括花蔺科、杨柳科、牻牛儿苗科和鸢尾科；属于旧世界温带分布和热带亚洲及热带美洲间断分布的均仅有 1 科，分别为柽柳科和马鞭草科。这说明调查区域内野生种子植物科的分布区类型以世界分布性质为主，泛热带分布和北温带分布的性质较为明显，这与北大港湿地保护区所处的华北地区野生植物科的分布区性质相符。野生种子植物科的分布区类型统计见表 3-5。

表 3-5　野生种子植物科的分布区类型统计

分布区类型	科数（个）	占比（%）
世界分布	34	72.34
泛热带分布	7	14.89
热带亚洲及热带美洲间断分布	1	2.13
北温带分布	4	8.51
旧世界温带分布	1	2.13
合计	47	100.00

3.3.2 野生植物属的分布区类型

依据吴征镒《中国种子植物属的分布区类型》（1991）中对中国种子植物属的分布区类型划分，可将调查区域内野生种子植物125属划分为13个分布区类型或变型。其中属于世界分布性质的属最多，共有34属，占野生属总数的27.20%，如补血草属、独行菜属、蒿属、毛茛属和薹草属等；其次为属于泛热带分布性质的属，共有28属，占野生属总数的22.40%，如白茅属、狗尾草属、蒺藜属、鳢肠属和芦苇属等；属于北温带分布性质的属有25属，占野生属总数的20.00%，如播娘蒿属、鹅观草属、蒲公英属、委陵菜属和盐芥属等。这说明调查区域内野生种子植物属的分布区类型以世界分布性质为主，其次是泛热带分布性质和北温带分布性质，这与北大港湿地保护区所处的华北地区野生植物属的分布区性质相符。野生种子植物属的分布区类型统计见表3-6。

表3-6 野生种子植物属的分布区类型统计

分布区类型	属数（个）	占比（%）
世界分布	34	27.20
泛热带分布	28	22.40
热带亚洲及热带美洲间断分布	1	0.80
旧世界热带分布	2	1.60
热带亚洲至热带大洋洲分布	3	2.40
热带亚洲分布	2	1.60
北温带分布	25	20.00
欧亚和南美洲温带间断分布	1	0.80
东亚及北美间断分布	4	3.20
旧世界温带分布	14	11.20
温带亚洲分布	3	2.40
地中海区、西亚至中亚分布	4	3.20
东亚分布	4	3.20
合计	125	100.00

3.4 生活型组成分析

通过对植物的生活型种类进行分析可知，260 种植物可以划分为九大类或亚类。其中，一年生草本种类最丰富，共计 97 种，占种总数的 37.31%；其次为多年生草本，共计 73 种，占种总数的 28.08%；再次为乔木，共计 42 种，占种总数的 16.15%；灌木为 25 种，占种总数的 9.62%；其余各生活型类型所包含的种类相对较少。生活型种类组成见表 3-7。

表 3-7 生活型种类组成

生活型类型	种数	占比(%)	物种举例
一年生草本	97	37.31	地肤（*Kochia scoparia*）、反枝苋（*Amaranthus retroflexus*）、野西瓜苗（*Hibiscus trionum*）、碱蓬和长芒稗（*Echinochloa caudata*）等
多年生草本	73	28.08	紫花地丁（*Viola philippica*）、二色补血草、地黄（*Rehmannia glutinosa*）、旋覆花（*Inula japonica*）和马蔺（*Iris lactea*）等
乔木	42	16.15	紫叶小檗（*Berberis thunbergii* var. *atropurpurea*）、紫穗槐（*Amorpha fruticosa*）、酸枣（*Ziziphus jujuba* var. *spinosa*）、荆条（*Vitex negundo* var. *heterophylla*）和枸杞（*Lycium chinense*）等
灌木	25	9.62	旱柳（*Salix matsudana*）、榆树（*Ulmus pumila*）、构树（*Broussonetia papyrifera*）、杜梨（*Pyrus betulifolia*）和桃等
草质藤本	12	4.62	野大豆（*Glycine soja*）、葎草（*Humulus scandens*）和圆叶牵牛（*Ipomoea purpurea*）等
半灌木或半灌木状草本	6	2.31	罗布麻（*Apocynum venetum*）、茄（*Solanum melongena*）、茵陈蒿（*Artemisia capillaris*）等
木质藤本	2	0.77	葡萄（*Vitis vinifera*）和五叶地锦（*Parthenocissus quinquefolia*）
寄生植物	2	0.77	菟丝子（*Cuscuta chinensis*）和金灯藤（*C. japonica*）
竹类	1	0.38	早园竹（*Phyllostachys propinqua*）
合计	260	100.00	—

综上可知，北大港湿地保护区植物的生活型种类中，草本植物占绝对优势，共计 170 种（占种总数的 65.39%），其中又以野生植物中的草本植物种类居多，人工栽培的草本植物种类较少，仅有秋英（*Cosmos bipinnata*）、百日菊（*Zinnia elegans*）、番茄（*Lycopersicon esculentum*）、向日葵（*Helianthus annuus*）和玉蜀黍（*Zea mays*）等 10 余种。木本植物则以栽培植物为主，野生植物种类较有限，前

者包括白梨（*Pyrus bretschneideri*）、合欢、毛泡桐（*Paulownia tomentosa*）、三球
悬铃木（*Platanus orientalis*）、白丁香（*Syringa oblata* var. *alba*）和紫穗槐等，后
者包括杜梨、桑（*Morus alba*）、榆树、小果白刺（*Nitraria sibirica*）、兴安胡枝子
（*Lespedeza davurica*）和酸枣等。

3.5 植被类型分析

3.5.1 植被类型的组成分析

　　按照北大港湿地保护区区域内不同斑块与立地类型，参照吴征镒《中国植被》
（1995）的分类系统，将区域内的植被群落分为 6 个植被型组，11 个植被型，63 个
群系，其中 1 个人工栽培植被型组（包括 3 个植被型和 16 个群系），其余均为野生
植被。北大港湿地保护区的植被类型划分见表 3-8。

表 3-8　北大港湿地保护区的植被类型

植被型组	植被型	群系
灌丛	温带落叶阔叶灌丛	柽柳灌丛 小果白刺灌丛 荆条灌丛 酸枣灌丛 兴安胡枝子灌丛
草丛	温带草丛	白羊草草丛 朝鲜碱茅草丛 星星草草丛 马蔺草丛 猪毛蒿草丛 猪毛菜草丛 野大豆草丛 葎草草丛 圆叶牵牛草丛
草甸	温带禾草、杂类草草甸	牛鞭草草甸 白茅草甸 刺儿菜草甸 益母草草丛 反枝苋草丛 画眉草草丛 野艾蒿草丛 苘麻草丛 宽叶独行菜草甸

植被型组	植被型	群系
草甸	温带禾草、杂类草盐生草甸	獐毛盐生草甸 芦苇、獐毛盐生草甸 芦苇、猪毛蒿盐生草甸 芦苇、罗布麻盐生草甸 羊草、朝鲜碱茅盐生草甸 盐地碱蓬 盐地碱蓬、碱蓬盐生草甸 盐角草盐生草甸 二色补血草盐生草甸 碱菀草甸
沼泽	寒温带、温带沼泽	芦苇沼泽 水烛沼泽 水葱沼泽 花蔺沼泽 扁秆藨草沼泽 互花米草沼泽
水生植被	沉水植物群落	菹草 穗状狐尾藻 篦齿眼子菜
	漂浮植物群落	浮萍 紫萍
	浮叶根生植物群落	苹 荇菜
栽培植被	一年一熟粮食作物及落叶果树园	豇豆 玉蜀黍 苹果 高粱 枣 葡萄
	两年三熟旱作	冬小麦
	人工密林	绒毛梣 槐 刺槐 加杨 绦柳 火炬树 红花刺槐 金叶榆 金枝国槐 紫穗槐

限于篇幅，本研究未对群系以下的群落分类单位进行详述。

现对各群系的特征简介如下。

（1）柽柳灌丛（Form. *Tamarix chinensis*）

柽柳灌丛是北大港湿地保护区内较常见、分布较广、但绝对数量有限的野生木本植物群落，主要分布于河漫滩中地势较高的土埂上，常呈条带状分布，或零散分布于北大港水库盐生草本沼泽中。群落覆盖度可达 45%，群落高度可达 260 cm。伴生种主要有芦苇、碱蓬（*Suaeda glauca*）、猪毛菜（*Salsola collina*）和刺儿菜（*Cirsium segetum*）等。柽柳是良好的耐盐碱木本植物种质资源，在水土保持和改良盐碱土方面效果较好，也极具观赏性，是值得重点保护的植物资源。见图 3-2。

图 3-2　柽柳灌丛

（2）小果白刺灌丛（Form. *Nitraria sibirica*）

小果白刺灌丛主要分布在北大港水库东侧和西南侧的水中或水边台地上，也稍见于水库内外两侧的堤防坡面，能见量较为有限。分布点多为干旱和盐碱化土壤。小果白刺为灌木层优势种的植物群落，其群落覆盖度可达 70%，群落高度常仅 100 cm。常见伴生种为蒙古鸦葱（*Scorzonera mongolica*）、蒲公英（*Taraxacum mongolicum*）、獐毛和狗尾草（*Setaria viridis*）等。小果白刺是著名的防风护沙和水土保持植物，也是著名的野果。见图 3-3。

图 3-3　小果白刺灌丛

（3）荆条灌丛（Form. *Vitex negundo* var. *heterophylla*）

　　荆条灌丛零星分布于北大港水库西北侧和万亩鱼塘东岸等区域地势较高处，数量有限。群落覆盖度仅 25%，群落高度可达 160 cm。主要伴生种为獐毛、狗尾草和虎尾草（*Chloris virgata*）等禾本科植物。见图 3-4。

图 3-4　荆条灌丛

（4）酸枣灌丛（Form. *Ziziphus jujube* var. *spinosa*）

　　酸枣灌丛零星分布于北大港水库西北侧、西侧和南侧区域地势较高之处，也见于人工林的林下，能见量极为有限，构成面积较小。群落覆盖度仅 25%，群落高度可达 170 cm。常见伴生种有芦苇、狗尾草、苘麻（*Abutilon theophrasti*）和反枝苋等。见图 3-5。

图 3-5　酸枣灌丛

（5）兴安胡枝子灌丛（Form. *Lespedeza davurica*）

兴安胡枝子灌丛零星见于区内地势较高、土壤含水量较少的地段，常淹没于草本植物群落中，也见于人工林的林下，形成小群落。群落覆盖度达 40%，群落高度常仅 40 cm。常见伴生种有狗尾草、虎尾草和阿尔泰狗娃花（*Heteropappus altaicus*）等。见图 3-6。

图 3-6　兴安胡枝子灌丛

（6）白羊草草丛（Form. *Bothriochloa ischaemum*）

白羊草草丛主要见于北大港水库的堤岸，常分布于堤顶路的路旁或荒草地中。白羊草常混生于其他草本植物群落内，或形成单优势种群落。群落覆盖度可达50%，群落高度可达 80 cm。常见伴生种有阿尔泰狗娃花、砂引草（*Messerschmidia sibirica*）、狗尾草和猪毛蒿（*Artemisia scoparia*）等。见图 3-7。

图 3-7　白羊草草丛

（7）朝鲜碱茅草丛（Form. *Puccinellia chinampoensis*）

朝鲜碱茅草丛见于北大港水库西部、独流减河河床中较为低洼的草甸或沼泽附近，常成丛分布形成单优势种群落，群落覆盖度高达 60%，群落高度可达 60 cm。常见伴生种有獐毛、狗尾草和鹅绒藤（*Cynanchum chinense*）等。见图 3-8。

图 3-8　朝鲜碱茅草丛

（8）星星草草丛（Form. *Puccinellia tenuiflora*）

区域内星星草与朝鲜碱茅的分布地段类似，但比朝鲜碱茅更为常见，常形成更占优势的单优势种群落。群落覆盖度高达 70%，群落高度可达 70 cm。常见伴生种包括獐毛、狗尾草、芦苇和盐地碱蓬等。见图 3-9。

图 3-9　星星草草丛

（9）马蔺草丛（Form. *Iris lactea*）

马蔺草丛主要见于北大港水库的堤顶路路旁或荒草地，偶见于人工林下或建筑物旁，分布较分散；但在北大港水库西侧通往腹地的沿路多见集中分布，常形成单优势种群落。群落覆盖度高达 50%~70%，群落高度可达 55 cm。常见伴生种包括狗尾草、碱蓬、砂引草、阿尔泰狗娃花和猪毛蒿等。见图 3-10。

图 3-10　马蔺草丛

（10）猪毛蒿草丛（Form. *Artemisia scoparia*）

猪毛蒿草丛在区域内广泛分布，面积较广，数量极多。常可见于受干扰后形成的迹地，也见于其他任何生境类型，可形成单优势种群落，也可以与其他物种如芦苇和猪毛菜等形成共优势种群落。群落覆盖度高达 90%，群落高度可达 110 cm。主要伴生种有反枝苋、狗尾草、圆叶牵牛、碱蒿（*Artemisia anethifolia*）、芦苇和獐毛等。见图 3-11。

图 3-11　猪毛蒿草丛

（11）猪毛菜草丛（Form. *Salsola collina*）

猪毛菜草丛主要分布于区域内荒草地、路旁或者水边台地。猪毛菜为耐盐植物，其分布地土壤含盐量常较高；群系常呈散点状分布，估计与土壤含盐量的散点状分布有关。群落覆盖度为 55%~70%，群落高度为 35~45 cm，伴生种常见有地肤、狗尾草、虎尾草、牛筋草（*Eleusine indica*）和白羊草等。见图 3-12。

图 3-12　猪毛菜草丛

（12）野大豆草丛（Form. *Glycine soja*）

野大豆草丛在北大港水库范围较为常见，常见于靠近水边的潮湿土壤上。野大豆属于缠绕植物，常见缠绕于其他植株之上蔓延。群落总覆盖度可达 75%~85%，高度随土壤和水肥状况不同而有较大的差异，介于 1.2~1.8 m 之间。群落内常可见伴生有刺儿菜、狗尾草、芦苇、纤毛鹅观草（*Roegneria ciliaris*）、苣荬菜（*Sonchus arvensis*）和葎草等，但数量不多。见图 3-13。

图 3-13　野大豆草丛

（13）葎草草丛（Form. *Humulus scandens*）

葎草草丛可见于区域内任何生境类型，尤其常见于受损迹地，为区域内非常常见的物种。常攀附于其他植株之上，或直接铺散于地面，形成单优势种群落。群落覆盖度高达 90%，群落高度可达 100 cm。常见伴生种有芦苇、扁秆藨草、狗尾草、苣荬菜和刺儿菜等。见图 3-14。

图 3-14　葎草草丛

（14）圆叶牵牛草丛（Form. *Ipomoea purpurea*）

圆叶牵牛草丛在区域内非常常见，可见于任何生境类型，尤其常见于受损后的迹地，也见于林下、灌丛、草本植物群落，或人居环境内，常攀附于其他植物或物体上，或直接铺散于地面形成单优势种群落，或与牵牛（*Ipomoea nil*）成混合群落。群落覆盖度极高，常可达90%。常见伴生种有牵牛、狗尾草、阿尔泰狗娃花和苣荬菜等。见图3-15。

图3-15　圆叶牵牛草丛

（15）牛鞭草草甸（Form. *Hemarthria sibirica*）

牛鞭草草甸主要分布于北大港水库中西部，由西岸进入水库腹地的土道沿途，常见于道旁地势较高之处，混杂于其他草本植物（主要是芦苇）中，或形成单优势种群落。群落覆盖度可达70%，群落高度可达130 cm。伴生种往往不多，常见的有芦苇、碱蓬、东亚市藜（*Chenopodium urbicum* subsp. *sinicums*）和狗尾草等。见图3-16。

图3-16　牛鞭草草甸

（16）白茅草甸（Form. *Imperata cylindrica*）

白茅草甸主要分布于河漫滩和道路两旁地势稍高的位置，常形成单优势种群落，覆盖度达 90% 或以上，群落高度可达 90 cm。伴生种较少，如狗牙根（*Cynodon dactylon*）、獐毛、盐地碱蓬和中亚滨藜（*Atriplex centralasiatica*）等。白茅的根系极为发达，具有极强的固着土壤能力和水土保持功效，是道路边坡水土保持的优秀植物种类。此外，白茅在春季和秋季均具有极好的观赏性，亦可以作为道路两旁景观植物。见图 3-17。

图 3-17 白茅草甸

（17）刺儿菜草甸（Form. *Cirsium segetum*）

刺儿菜草甸主要分布于区域内的旱、中生环境，对水分要求不高；常呈带状或斑块状分布，形成单优势种群落，覆盖度可达 90% 以上，群落高度可达 130 cm。伴生种较少，常见狗牙根、碱蓬、狗尾草和芦苇等。刺儿菜为多年生草本，水土保持效果较好，景观效果也优良，未来宜进行适当的开发利用。见图 3-18。

图 3-18 刺儿菜草甸

（18）益母草草丛（Form. *Leonurus japonicus*）

益母草草丛分布于区域内中生生境，常见于芦苇沼泽边缘，或见于堤顶路路旁和荒草地，亦见于人居环境附近，常形成单优势种群落。群落覆盖度可达 65%，群落高度可达 110 cm。常见伴生种有斑种草（*Bothriospermum chinense*）、夏至草、砂引草、狗尾草和猪毛蒿等。见图 3-19。

图 3-19　益母草草丛

（19）反枝苋草丛（Form. *Amaranthus retroflexus*）

反枝苋草丛在区域内常见于中生生境中的受损迹地，亦可见于林下和道旁，常形成单优势种群落，亦可与绿穗苋（*Amaranthus hybridus*）和皱果苋（*A.viridis*）等形成混合群落。群落覆盖度可达 80%，群落高度可达 110 cm。常见伴生种有狗尾草、画眉草属（*Eragrostis* spp.）、马齿苋（*Portulaca oleracea*）、铁苋菜（*Acalypha australis*）和藜（*Chenopodium album*）等。见图 3-20。

图 3-20　反枝苋草丛

（20）画眉草草丛（Form. *Eragrostis pilosa*）

画眉草草丛在区域内常见于旱生或中生生境，常见于道旁或荒草地，道路铺装缝隙也可以见到，生命力极为顽强；常形成单优势种群落，亦可与其他禾本科形成混合群落。群落覆盖度可达 80%，群落高度常仅 25 cm。常见伴生种有狗尾草、虎尾草和地锦草（*Euphorbia humifusa*）等。见图 3-21。

图 3-21　画眉草草丛

（21）野艾蒿草丛（Form. *Artemisia lavandulifolia*）

野艾蒿草丛在区域内常见于旱生和中生生境，常见于道旁、荒草地和建筑物旁形成单优势种群落，亦可与其他蒿属植物或其他草本植物形成混合群落。群落覆盖度可达 75%，群落高度可达 150 cm。常见伴生种有猪毛蒿、狗尾草和藜等。见图 3-22。

图 3-22　野艾蒿草丛

（22）苘麻草丛（Form. *Abutilon theophrasti*）

苘麻草丛常见于旱生和中生生境中的受损迹地，亦可见于道旁和废弃耕地，尤喜欢肥沃湿润的土壤。常形成单优势种群落，群落覆盖度可达 90%，群落高度可达 210 cm。常见伴生种有狗尾草、金色狗尾草（*Setaria pumila*）、藜、猪毛蒿、碱蓬和圆叶牵牛等。见图 3-23。

图 3-23　苘麻草丛

（23）宽叶独行菜草甸（Form. *Lepidium latifolium*）

宽叶独行菜草甸在区域内常见于中生和湿生生境，如北大港水库西侧河槽的河漫滩等地，常形成单优势种群落。群落覆盖度可达 80%，群落高度可达 70 cm。常见伴生种有芦苇、狗尾草、碱蓬和鹅绒藤等。见图 3-24。

图 3-24　宽叶独行菜草甸

（24）獐毛盐生草甸（Form. *Aeluropus sinensis*）

獐毛盐生草甸在区域内常见于水域的水岸带，即水陆交界处。其临近水边一侧多为芦苇、水烛、碱菀和扁秆藨草等，远离水面一侧常为狗尾草和苣荬菜等，群落呈现明显的平行于水陆交界线的条带状分布。群落覆盖度可达90%~95%，伴生种有蒲公英、苣荬菜、狗尾草和碱菀等。獐毛根系发达，具有横走根状茎，因此具有很好的水土保持效果，是较好的盐碱地绿化先锋物种植物。见图 3-25。

图 3-25　獐毛盐生草甸

（25）芦苇、獐毛盐生草甸（Form. *Phragmites australis, Aeluropus sinensis*）

该类型为芦苇和獐毛形成的层次分明的群落，常可见于水湿交替的地段，此地段土壤含盐量往往较高。群落的上层主要是芦苇，下层主要是獐毛。群落覆盖度可达 85%，群落高度可达 130 cm。伴生种种类和数量均较少，如苣荬菜、猪毛蒿和狗尾草等。见图 3-26。

图 3-26　芦苇、獐毛盐生草甸

（26）芦苇、猪毛蒿盐生草甸（Form. *Phragmites australis, Artemisia scoparia*）

　　该类型为芦苇和猪毛蒿形成的层次分明的群落，常可见于干湿交替的地段，此地段土壤含盐量往往较高。群落的上层主要是芦苇，下层主要是猪毛蒿。群落覆盖度可达 70%，群落高度可达 130 cm。伴生种有狗尾草、罗布麻、碱蓬和盐地碱蓬等。见图 3-27。

图 3-27　芦苇、猪毛蒿盐生草甸

（27）芦苇、罗布麻盐生草甸（Form. *Phragmites australis, Apocynum venetum*）

　　该类型可见于北大港水库和独流减河的部分地段，分布靠近沼泽。平均高度达120 cm，覆盖度可达 75%。常见伴生种有獐毛、芦苇和藜等。罗布麻夏季盛开，茎和花冠均为紫红色，观赏性极佳，是值得推荐的盐碱地绿化物种。见图 3-28。

图 3-28　芦苇、罗布麻盐生草甸

（28）羊草、朝鲜碱茅盐生草甸（Form. *Leymus chinensis, Puccinellia chinampoensis*）

该类型在区域内见于湿生和中生生境，土壤含盐量通常较高，群落由羊草和朝鲜碱茅混杂组成。群落覆盖度可达60%，群落高度可达80 cm。常见伴生种有罗布麻、碱蓬、狗尾草和芦苇等。见图3-29。

图3-29　羊草、朝鲜碱茅盐生草甸

（29）盐地碱蓬盐生草甸（Form. *Suaeda salsa*）

该类型多分布于水位较低、盐度较高的河漫滩或滨水地带，多形成单优势群落，覆盖度高达75%或以上，群落高度仅40 cm。其伴生植物有猪毛草（*Scirpus wallichii*）、地肤、碱菀和碱蓬等，该群落在秋季呈现朱红色景观，但水土保持功能较差。见图3-30。

图3-30　盐地碱蓬盐生草甸

（30）碱蓬盐生草甸（Form. *Suaeda glauca*）

碱蓬盐生草甸常见于路旁空地、盐碱滩，或湿地中水位较高的位置，对土壤盐分的嗜好不如盐地碱蓬，多形成单优势种群落。生长盛期覆盖度高达 95%，群落高度达 180 cm。群落内伴生植物常见的有狗尾草、地肤和芦苇等，但数量较少。见图 3-31。

图 3-31　碱蓬盐生草甸

（31）盐角草盐生草甸（Form. *Salicornia europaea*）

盐角草盐生草甸曾在区域内广泛分布，但近年来已较难见到。本轮科考仅发现三个群落，主要位于独流减河河床中靠近水边的低洼地段，季节性水淹或者不被水淹的紧实泥土上，土壤含盐量较高。常形成单优势种群落，群落内个体之间间距较大，故群落覆盖度不高，仅 15%~40%，群落高度仅 45 cm。伴生种均为耐盐植物，如盐地碱蓬、二色补血草和獐毛等，种类和数量均较少。见图 3-32。

图 3-32　盐角草盐生草甸

（32）二色补血草盐生草甸（Form. *Limonium bicolor*）

二色补血草盐生草甸在区域内呈现典型的斑块状分布，常分布于积水低洼地中较高的台地上，分布位置土壤水分蒸发旺盛，土壤表面常可见盐分累积。常形成单优势种群落，或与其他耐盐植物混合形成群落。群落覆盖度可达 60%，群落高度可达 30 cm。常见伴生种有芦苇、碱蓬和獐毛等。见图 3-33。

图 3-33 二色补血草盐生草甸

（33）碱菀草甸（Form. *Tripolium vulgare*）

碱菀草甸在区域内常见于水岸带，沿河流、湖泊等水体的水陆交接线分布，所处位置常高于水面 2~10 cm，呈明显的条带状分布。群落覆盖度可达 85%，群落高度达 130 cm。秋季常产生大量种子，并于次年春夏交替时萌发，产生大量的幼苗；幼苗密度可达 270 株 /m²。常见伴生种为扁秆藨草、蒲公英、獐毛、巴天酸模（*Rumex patientia*）和滨藜（*Atriplex patens*）等。见图 3-34。

图 3-34 碱菀草甸

（34）芦苇沼泽（Form. *Phragmites australis*）

芦苇群系为北大港湿地植物群落演替的顶级群落。该群系分布广泛，几乎遍及北大港湿地保护区，可分布于水域、滨水地带，亦可分布于地势较高处。群系平均高达 2 m 左右，覆盖度可超过 90%。生长势良好，生物量较高，其下常伴生东亚市藜、刺儿菜、苣荬菜、鹅绒藤和扁秆藨草等草本植物。芦苇有最强的水土保持能力。见图 3-35。

图 3-35　芦苇沼泽

（35）水烛沼泽（Form. *Typha angustifolia*）

水烛沼泽分布于水深 0~50 cm，透明度 50 cm 左右的清澈水体中，有一定的耐盐碱性，生物量较高，常形成单优种群落。群落覆盖度达 90% 以上，群落高度可达 180 cm，亦可与芦苇形成共优种群落。伴生种常见有芦苇和扁秆藨草，偶见有碱菀和苣荬菜等，亦可见藤本植物如鹅绒藤和野大豆攀附于其上。见图 3-36。

图 3-36　水烛沼泽

（36）水葱沼泽（Form. *Schoenoplectus tabernaemontani*）

水葱沼泽在区域内分布和数量均较为有限，可见于开阔的浅水区域中靠近水陆交界处，常形成单优势种群落。群落覆盖度较小，仅 30%~40%，群落高度可达 140 cm。常见伴生种为芦苇。见图 3-37。

图 3-37　水葱沼泽

（37）花蔺沼泽（Form. *Butomus umbellatus*）

花蔺沼泽在区域内较为少见，分布局限于北大港水库的几个近水渠道入口附近的浅水区域或沼泽；常混杂在芦苇或扁秆藨草群落中，少见形成以花蔺为优势种的群落。群落覆盖度可达60%，群落高度可达110 cm。常见伴生种有芦苇和扁秆藨草等。见图 3-38。

图 3-38　花蔺沼泽

（38）扁秆藨草沼泽（Form. *Scirpus planiculmis*）

扁秆藨草沼泽的优势种扁秆藨草为挺水植物或湿生植物，主要分布于北大港湿地保护区水陆交界的位置，耐水淹。群落覆盖度常可达 70%，群落高度可达 90 cm；主要伴生种有芦苇、水烛和盐地碱蓬等。野生的扁秆藨草具有净化水质功能，单优势群落的景观效果也较好。见图 3-39。

图 3-39　扁秆藨草沼泽

（39）互花米草沼泽（Form. *Spartina alterniflora*）

互花米草沼泽见于独流减河河口至子牙新河河口之间的潮间带滩涂，偶见于沿通海河流上溯至河流上游数千米处。由互花米草形成单优势种群落，群落内未发现其他植物。群落覆盖度常可达 95%，群落高度可达 210 cm。互花米草为入侵物种，耐盐、耐水淹，对潮间带滩涂适应性极好。近年来，区域内的互花米草群落有快速蔓延扩张的入侵趋势，随着国家对生物安全的重视，有关部门须引起足够重视。见图 3-40。

图 3-40　互花米草沼泽

（40）菹草（Form. *Potamogeton crispus*）

菹草普遍见于北大港水库、独流减河河槽和附近河道的开阔水域中，常见于淡水水域，亦可见于偏咸水区域。分布地水深变化范围较大，0.5~2.5 m 均有分布。常组成单优势种群落，每平方米内植株数量为 12~25 株。菹草的茎较长，在水中屈曲蔓延，密集分布。且其生长快速，与篦齿眼子菜（*Potamogeton pectinatus*）一样，常造成河道阻塞。菹草虽然属于沉水植物，但自水面以下均是其分布范围；其繁殖枝伸展到水面开花，因此识别度较高。见图 3-41。

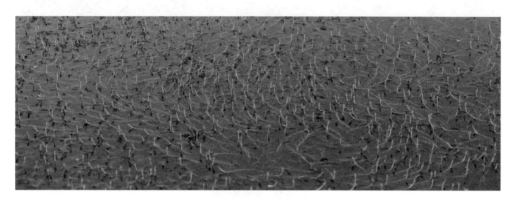

图 3-41 菹草

（41）穗状狐尾藻（Form. *Myriophyllum spicatum*）

穗状狐尾藻分布于北大港水库和独流减河河槽等地的开阔水体。分布地的水深常处于 0.8~1.8 m，常形成斑块状分布，常见于水库东侧河槽、水库南侧四站河道、水库西侧沙井子扬水站河道和水库西侧甜水井河道等。因水深、光照和种质资源状况，生长密度差异较大，每平方米内植株数量为 3~20 株。群落内亦可见少量的金鱼藻（*Ceratophyllum demersum*），但数量有限。见图 3-42。

图 3-42 穗状狐尾藻

（42）篦齿眼子菜（Form. *Potamogeton pectinatus*）

篦齿眼子菜普遍见于北大港水库、独流减河河槽和附近河道的开阔水域中，分布地水深变化范围较大，0.4~2.5 m 均有分布。常形成单优势种群落，每平方米内植株数量为 15~35 株，但由于植物分枝较多，在水中漂浮，密集分布，生长快速，常造成河道阻塞。见图 3-43。

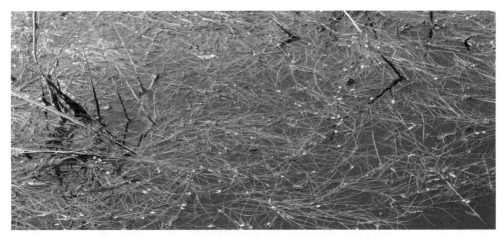

图 3-43　篦齿眼子菜

（43）浮萍（Form. *Lemna minor*）

浮萍群系类型在区域内分布较广，主要见于北大港水库东侧和南侧河槽的开阔平静水面，也见于水库中部的一些开阔水域。其分布区阳光充足、水温较为适宜且水中营养物质往往较为充足。浮萍在水面漂浮，常成片分布，0.5 m² 内可见植株 1 500~1 800 株或更多，其位置往往处于动态变化当中，受水面风影响较大。见图 3-44。

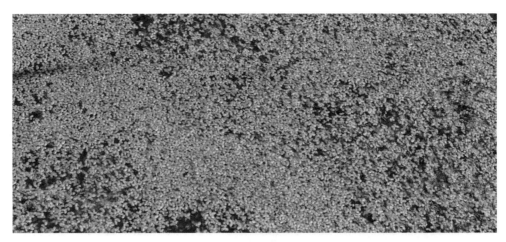

图 3-44　浮萍

（44）紫萍（Form. *Spirodela polyrrhiza*）

紫萍群系的性质与浮萍群系类似，分布上与浮萍群系有所交叉，但数量和分布面积不及浮萍群系。在两个群系交错地带常形成共优势群落。见图 3-45。

图 3-45　紫萍

（45）苹（Form. *Marsilea quadrifolia*）

苹在区域内所见不多，推测为斑块状分布，见于滨水地带，常形成单优势种群落。群落覆盖度为 40%，群落高度仅为 10 cm。常见伴生种有扁秆薦草和浮萍等。见图 3-46。

图 3-46　苹

（46）莕菜（Form. *Nymphoides peltatum*）

　　莕菜在区域内所见较少，仅见于北大港水库各进出水闸口附近的开阔水面，常形成单优势种群落。群落覆盖度可达 70%。常见伴生种有浮萍、紫萍等。见图 3-47。

图 3-47　莕菜

（47）豇豆（Form. *Vigna unguiculata*）

　　豇豆主要见于北大港水库沿岸堤顶路的内外两侧，以及北大港水库西部靠近岸边的地段。属于人工栽培作物，单优势种群落。群落覆盖度可达 80%，群落高度可达90 cm。伴生种为常见农田杂草，如狗尾草、虎尾草、马齿苋和铁苋菜等。见图 3-48。

图 3-48　豇豆

（48）玉蜀黍（Form. *Zea mays*）

玉蜀黍主要见于北大港水库沿岸堤顶路的内外两侧，以及北大港水库西部靠近岸边的地段，属于人工栽培作物，单优势种群落。群落覆盖度可达 90%，群落高度可达 180 cm。伴生种为常见农田杂草，如狗尾草、虎尾草、苘麻、地肤和藜等。见图 3-49。

图 3-49　玉蜀黍

（49）苹果（Form. *Malus pumila*）

苹果主要见于北大港水库沿岸堤顶路的内外两侧，属于人工栽培果树，单优势种群落。群落覆盖度可达 60%，群落高度可达 280 cm。伴生种为常见农田杂草，如狗尾草、虎尾草、苘麻、地肤和藜等。见图 3-50。

图 3-50　苹果

（50）高粱（Form. *Sorghum bicolor*）

高粱主要见于北大港水库沿岸堤顶路的内外两侧，属于人工栽培作物，单优势种群落。群落覆盖度可达 60%，群落高度可达 180 cm。伴生种为常见农田杂草，如狗尾草、虎尾草、苘麻、地肤和藜等。见图 3-51。

图 3-51　高粱

（51）枣（Form. *Ziziphus jujuba*）

枣主要见于北大港水库沿岸堤顶路的内外两侧，集中见于北大港水库西侧堤顶路内侧，属于人工栽培果树，单优势种群落。群落覆盖度可达 80%，群落高度可达 480 cm。伴生种有榆树和旱柳等，其他多为常见农田杂草，如狗尾草、虎尾草、苘麻、地肤和藜等。见图 3-52。

图 3-52　枣

（52）葡萄（Form. *Vitis vinifera*）

葡萄集中见于北大港水库北侧堤顶路内侧，属于人工栽培果树，单优势种群落。群落覆盖度可达80%，群落高度可达180 cm。伴生种多为常见农田杂草，如狗尾草、虎尾草、苘麻、地肤和藜等。见图3-53。

图 3-53　葡萄

（53）冬小麦（Form. *Triticum aestivum*）

冬小麦集中见于北大港水库西部地势较高的地段，属于人工栽培作物，单优势种群落。群落覆盖度可达90%，群落高度可达80 cm。伴生种多为常见农田杂草，如狗尾草、虎尾草、苘麻、地肤和藜等。见图3-54。

图 3-54　冬小麦

（54）绒毛梣（Form. *Fraxinus velutina*）

绒毛梣主要见于北大港水库沿岸堤顶路的内外两侧，也集中见于北大港水库西侧堤顶路内侧。它主要作为大堤防护林或行道树，由人工栽培，树龄3~10年，属单优势种群落。群落覆盖度可达90%，群落高度可达480 cm。伴生种有榆树、旱柳等，林下常有草本植物如狗尾草、虎尾草、地肤、藜、猪毛菜和野艾蒿等。见图3-55。

图 3-55　绒毛梣

（55）槐（Form. *Sophora japonica*）

槐主要见于北大港水库沿岸堤顶路的内外两侧，也集中见于北大港水库西侧堤顶路内侧。它主要作为大堤防护林或行道树，由人工栽培，树龄3~10年，属单优势种群落。群落覆盖度可达80%，群落高度可达550 cm。伴生种有榆树和旱柳等，林下常有草本植物如狗尾草、虎尾草、地肤、牛筋草、马唐（*Digitaria sanguinalis*）和野艾蒿等。见图3-56。

图 3-56　槐

（56）刺槐（Form. *Robinia pseudoacacia*）

刺槐主要见于北大港水库沿岸堤顶路的内外两侧，也集中见于北大港水库西侧堤顶路内侧。它主要作为大堤防护林或行道树，由人工栽培，树龄2~15年，属单优势种群落。群落覆盖度可达90%，群落高度可达580 cm。伴生种有榆树和旱柳等，林下常有草本植物如狗尾草、反枝苋、藜、马唐和野艾蒿等。见图3-57。

图 3-57 刺槐

（57）加杨（Form. *Populus × canadensis*）

加杨主要见于北大港水库沿岸堤顶路的内外两侧，也集中见于北大港水库西侧堤顶路内侧。它主要作为大堤防护林或行道树，由人工栽培，树龄4~8年，属单优势种群落。群落覆盖度可达80%，群落高度可达680 cm。伴生种有榆树和旱柳等，林下常有草本植物如狗尾草、虎尾草、地肤、猪毛菜和马唐等。见图3-58。

图 3-58 加杨

（58）绦柳（Form. *Salix matsudana* f. *pendula*）

绦柳主要见于北大港水库沿岸堤顶路的内外两侧，也集中见于北大港水库西侧堤顶路内侧。它主要作为大堤防护林或行道树，由人工栽培，树龄 2~5 年，属单优势种群落。群落覆盖度可达 60%，群落高度可达 520 cm。伴生种有榆树和臭椿（*Ailanthus altissima*）等，林下常有草本植物如狗尾草、马唐、绿穗苋、猪毛蒿和野艾蒿等。见图 3-59。

图 3-59　绦柳

（59）火炬树（Form. *Rhus typhina*）

火炬树主要见于北大港水库沿岸堤顶路的内外两侧，也集中见于北大港水库西侧堤顶路内侧，主要作为大堤防护林或行道树，兼具观赏价值。它由人工栽培，树龄 2~6 年，属单优势种群落。群落覆盖度可达 60%，群落高度可达 290 cm。伴生种有榆树等，林下常有草本植物如狗尾草、马齿苋、藜、阿尔泰狗娃花和野艾蒿等。见图 3-60。

图 3-60　火炬树

（60）红花刺槐（Form. *Robinia* × *ambigua* 'Idahoensis'）

红花刺槐主要见于北大港水库沿岸堤顶路的内外两侧，也集中见于北大港水库西侧堤顶路内侧，主要作为大堤防护林或行道树，兼具观赏价值。它由人工栽培，树龄 2~8 年，为单优势种群落。群落覆盖度可达 60%，群落高度可达 280 cm。伴生种有榆树和旱柳等，林下常有草本植物如虎尾草、马唐、牛筋草、藜和苍耳（*Xanthium sibiricum*）等。见图 3-61。

图 3-61　红花刺槐

（61）金叶榆（Form. *Ulmus pumila* 'Jinye'）

金叶榆主要见于北大港水库沿岸堤顶路的内外两侧，也集中见于北大港水库西侧堤顶路内侧，主要作为大堤防护林或行道树，兼具观赏价值。它由人工栽培，树龄 2~6 年，为单优势种群落。群落覆盖度可达 80%，群落高度可达 290 cm。伴生种有榆树和旱柳等，林下常有草本植物如画眉草、马齿苋、藜、附地菜和斑种草等。见图 3-62。

图 3-62　金叶榆

（62）金枝国槐（Form. *Sophora japonica* 'Golden Stem'）

金枝国槐主要见于北大港水库沿岸堤顶路的内外两侧，也集中见于北大港水库西侧堤顶路内侧，主要作为大堤防护林或行道树，兼具观赏价值。它由人工栽培，树龄 2~6 年，属单优势种群落。群落覆盖度可达 70%，群落高度可达 260 cm。伴生种有榆树和旱柳等，林下常有草本植物如狗尾草、牛筋草、地肤、阿尔泰狗娃花和野艾蒿等。见图 3-63。

图 3-63　金枝国槐

（63）紫穗槐（Form. *Amorpha fruticosa*）

紫穗槐主要分布于北大港水库南岸北侧和西岸东侧的坡地，面积较小。紫穗槐推测为人工栽培逸为野生植物。灌木层的覆盖度可达 75%~85%，高度可达 180~240 cm；草本层优势种为芦苇，常伴生有狗尾草、苣荬菜、苦苣菜（*Sonchus oleraceus*）、獐毛和苍耳等。紫穗槐的水土保持能力较强，景观效果亦较佳，可以考虑进行保育或扩大栽植面积。见图 3-64。

图 3-64　紫穗槐

3.5.2 植被类型的特点分析

通过现场调查和分析可知，北大港湿地保护区范围内的典型植物群落，除了少数种类，如野生植物中的芦苇、水烛、扁秆藨草和盐地碱蓬等，以及大面积广泛连续分布的人工栽培植物种外，其他的植物群落分布具有三个主要特征，即斑块状分布、条带状分布和簇状分布。

（1）斑块状分布

斑块状分布，顾名思义，即群落或优势物种在分布上犹如岛屿状镶嵌在其他分布广泛的群落或优势物种中间，呈现出斑块状的外形特点。如柽柳、小果白刺、罗布麻、紫穗槐、白茅、刺儿菜和猪毛菜等群落和优势种，均属于该分布类型，该类型在该区域内极为普遍。

斑块状分布的大部分物种，与芦苇和盐地碱蓬相比，在数量和分布上均不占优势，因而从景观上而言，其分布格局类似于岛屿，镶嵌于由芦苇、盐地碱蓬形成的"均质"斑块内部。造成此现象的原因可能包括土壤含水量、含盐量和养分等土壤因子的异质性差异，与芦苇和盐地碱蓬的竞争，种子的偶然迁入等。

（2）条带状分布

条带状分布是指群落或优势种在分布上形成长远大于宽的条状或带状分布，占据狭长的空间。属于条带状分布的群落或优势种包括碱菀、扁秆藨草、水烛和獐毛等湿中生的物种。这些物种大多分布于靠近水边的水岸带，土壤含水量和含盐量成为主导的环境因子，影响了物种分布和数量。如前所述，垂直于水岸线，地势从低到高，依次出现扁秆藨草、碱菀、水烛和獐毛为优势种的条带状分布的植物群落。

（3）簇状分布

簇状分布是指群落或优势种在分布上形成由若干个斑块聚集成簇的空间格局。属于簇状分布的群落或优势种大都为水生植物，如篦齿眼子菜、菹草、穗状狐尾藻、浮萍和紫萍等。如前所述，这些水生植物形成簇状分布的具体原因尚不明确，可能与地形、水深、光照和水体营养物浓度等有关。

3.6 群落多样性分析

通过分析群落多样性指数可知，若以北大港湿地保护区全区作为考察单元，则其香农-威纳多样性指数为3.273，辛普森多样性指数为0.922，Pielou均匀度指数为0.677；若单独以每个样地作为考察单元，48个样地的群落多样性指数见表3-9。

表 3-9 各样地的群落多样性指数

样地编号	种丰富度	香农 – 威纳多样性指数	辛普森多样性指数	Pielou 均匀度指数
001	29	1.927	0.720	0.572
002	27	2.346	0.844	0.712
003	26	2.414	0.872	0.741
004	25	1.891	0.734	0.587
005	22	2.158	0.818	0.698
006	15	2.049	0.767	0.757
007	13	1.534	0.727	0.598
008	4	1.360	0.737	0.981
009	10	1.638	0.723	0.712
010	21	1.822	0.704	0.598
011	23	2.551	0.901	0.814
012	26	2.369	0.851	0.727
013	22	2.328	0.834	0.753
014	15	1.664	0.701	0.614
015	19	2.044	0.813	0.694
016	19	2.018	0.768	0.685
017	15	1.860	0.773	0.687
018	14	2.044	0.809	0.775
019	21	2.295	0.857	0.754
020	8	0.672	0.288	0.323
021	11	1.904	0.823	0.794
022	8	0.893	0.477	0.429
023	13	2.137	0.862	0.833
024	21	1.697	0.731	0.557
025	12	1.414	0.669	0.569
026	13	1.806	0.752	0.704
027	18	1.873	0.792	0.648
028	10	1.598	0.738	0.694
029	10	2.132	0.869	0.926
030	9	1.392	0.639	0.633
031	7	1.138	0.553	0.585
032	10	1.140	0.563	0.495
033	8	0.610	0.269	0.293
034	15	2.223	0.868	0.821
035	10	1.810	0.791	0.786
036	12	1.311	0.569	0.527
037	13	0.788	0.318	0.307
038	11	1.487	0.617	0.620

样地编号	种丰富度	香农-威纳多样性指数	辛普森多样性指数	Pielou 均匀度指数
039	11	1.547	0.725	0.645
040	16	2.058	0.832	0.742
041	10	1.758	0.784	0.764
042	11	1.652	0.811	0.826
043	10	1.523	0.725	0.704
044	9	1.423	0.659	0.634
045	3	0.560	0.321	0.304
046	7	0.922	0.512	0.445
047	8	0.721	0.367	0.313
048	8	1.356	0.569	0.605
总体	126	3.273	0.922	0.677

分析表 3-9 可知，上述 48 个样地的种丰富度平均值为 14.125；香农-威纳多样性指数平均值为 1.664，辛普森多样性指数平均值为 0.697，Pielou 均匀度指数平均值为 0.646，其中，香农-威纳多样性指数和辛普森多样性指数与以北大港湿地保护区全区作为考察单元的计算结果有较大差距。

群落多样性指数的水平反映了北大港湿地保护区植物群落物种种类组成及数量构成的复杂程度。与天津七里海湿地保护区、大黄堡湿地保护区和团泊洼湿地保护区相比，北大港湿地保护区群落多样性处于近似水平，但远小于天津八仙山、盘山等山区的群落多样性水平，较好地反映了湿地植物群落的结构特征。

3.7 重点保护植物分析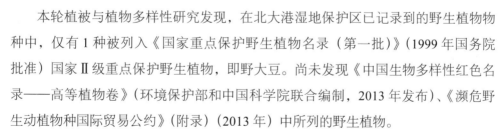

本轮植被与植物多样性研究发现，在北大港湿地保护区已记录到的野生植物物种中，仅有 1 种被列入《国家重点保护野生植物名录（第一批）》（1999 年国务院批准）国家 II 级重点保护野生植物，即野大豆。尚未发现《中国生物多样性红色名录——高等植物卷》（环境保护部和中国科学院联合编制，2013 年发布）、《濒危野生动植物种国际贸易公约》（附录）（2013 年）中所列的野生植物。

野大豆（图 3-65）为豆科大豆属一年生缠绕草本，长 1~4 m。茎小、枝纤细，全体疏被褐色长硬毛。叶具 3 小叶，长可达 14 cm；托叶卵状披针形，急尖，被黄色柔毛。顶生小叶卵圆形或卵状披针形，长 3.5~6 cm，宽 1.5~2.5 cm，先端锐尖至钝

图 3-65　野大豆

圆，基部近圆形，全缘，两面均被绢状的糙伏毛，侧生小叶斜卵状披针形。总状花序通常短，稀长可达 13 cm；花小，长约 5 mm；花梗密生黄色长硬毛；苞片披针形；花萼钟状，密生长毛，裂片 5 个，三角状披针形，先端锐尖；花冠淡红紫色或白色，旗瓣近圆形，先端微凹，基部具短瓣柄，翼瓣斜倒卵形，有明显的耳，龙骨瓣比旗瓣及翼瓣短小，密被长毛；花柱短而向一侧弯曲。荚果长圆形，稍弯，两侧稍扁，长 17~23 mm，宽 4~5 mm，密被长硬毛，种子间稍缢缩，干时易裂；种子 2~3颗，椭圆形，稍扁，长 2.5~4 mm，宽 1.8~2.5 mm，褐色至黑色，花期 7—8 月，果期 8—10 月。

野大豆除新疆、青海和海南之外，广泛遍布全国，生于海拔 150~2 650 m 潮湿的田边、园边、沟旁、河岸、湖边、沼泽、草甸、沿海和岛屿向阳的矮灌木丛或芦苇丛中，稀见于沿河岸疏林下。在北大港区域内普遍分布，常见于靠近水边的荒草地和路旁，常缠绕于其他植物上，蔓延面积较大。

野大豆全株为家畜喜食的饲料，可栽作牧草、绿肥和水土保持植物。茎皮纤维可织麻袋。种子含蛋白质 30%~45%，油脂 18%~22%，可供食用，制酱、酱油和豆腐等，又可榨油，油粕是优良饲料和肥料。全草还可药用，有补气血、强身健体、利尿等功效，主治盗汗、肝火、目疾、黄疸和小儿疳疾。曾自茎叶中分离出一种对所有血型有凝集作用的植物血朊凝素。

3.8 外来入侵植物分析

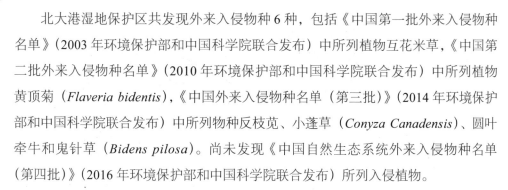

北大港湿地保护区共发现外来入侵物种 6 种，包括《中国第一批外来入侵物种名单》（2003 年环境保护部和中国科学院联合发布）中所列植物互花米草，《中国第二批外来入侵物种名单》（2010 年环境保护部和中国科学院联合发布）中所列植物黄顶菊（*Flaveria bidentis*），《中国外来入侵物种名单（第三批）》（2014 年环境保护部和中国科学院联合发布）中所列物种反枝苋、小蓬草（*Conyza Canadensis*）、圆叶牵牛和鬼针草（*Bidens pilosa*）。尚未发现《中国自然生态系统外来入侵物种名单（第四批）》（2016 年环境保护部和中国科学院联合发布）所列入侵植物。

对上述 6 种入侵植物的生物学特性和区域内分布情况介绍如下。

（1）互花米草

互花米草（图 3-66）为禾本科米草属多年生草本植物。地下部由短而细的须根和根状茎组成。根系发达，向地延伸深达 100 cm。植株茎秆坚韧、直立，叶长披针形，具盐腺，可分泌盐霜。圆锥花序小穗侧扁，花两性。花期、果期与地理分布有关。

互花米草原产北美洲大西洋沿岸，对气候、环境的适应性和耐受能力很强，对基质条件无特殊要求，也是一种典型的盐生植物，对盐胁迫具有高抗性。通常生长在河口、海湾等沿海滩涂的潮间带及受潮汐影响的河滩上，并形成密集的单优势种群落。

互花米草由南京大学仲崇信教授等人于 1979 年引入我国，1980 年试种成功，随后推广到广东、福建、浙江、江苏和山东等沿海滩涂种植。引种的目的主要是护滩促淤，取得了一定的生态和经济效益，但也带来了一系列危害，如破坏近海生物栖息环境，影响滩涂养殖；堵塞航道，影响船只出港；影响海水交换能力，导致水质下降，并诱发赤潮；威胁本土海岸生态系统，致使大片红树林消失等。目前，互花米草被列入世界最危险的 100 种入侵种名单，也被列入《中国第一批外来入侵物种名单》。

天津市于 20 世纪 90 年代开始引种互花米草，目前已在东部沿海滩涂上扩展蔓延。本轮科考中，在北自独流减河口、南至子牙新河口之间的淤泥质滩涂上，多处

图 3-66　互花米草

发现了互花米草群落，群落总面积约 120 hm²，群落覆盖度约 95%，群落高度可达 210 cm。

（2）黄顶菊

黄顶菊（图 3-67）为菊科黄顶菊属一年生草本植物。株高 20~100 cm，最高的可达 3 m 左右。茎直立、紫色，茎上带短绒毛。叶子交互对生，长椭圆形，叶边缘有稀疏而整齐的锯齿，基部生 3 条平行叶脉。主茎及侧枝顶端上头状花序聚集顶端密集成蝎尾状聚伞花序，花冠鲜艳，花呈鲜黄色，非常醒目，花果期在夏季至秋季。

黄顶菊的繁殖速度非常快，严重挤占其他植物的生存空间，有黄顶菊生长的地方，其他植物难以生存。黄顶菊具有极强的生理适应能力和进化趋势；喜生于荒地、沟边和公路两旁等富含矿物质及盐分的环境。黄顶菊生长迅速，根系发达，结实量大，种子适应性强，抗逆性强，耐瘠薄，耐盐碱，特别是盐碱含量偏高的土壤适宜其生长繁殖，其根系能产生化感物质，会抑制其他生物生长，并最终导致其他植物死亡。黄顶菊于 2001 年首次在我国天津市和河北省被发现，极可能是伴随进口种子和谷物进入中国，也不能完全排除通过其他途径传入的可能。据在河北省沧州市观测的数据显示，黄顶菊喜光、喜湿、嗜盐，一般于 4 月上旬萌芽出土，4—8 月为营养生长期，生长迅速，9 月中下旬开花，10 月底种子成熟，结实量极大，具备入侵植物的基本特征。2010 年，黄顶菊被列入《中国第二批外来入侵物种名单》。

图 3-67　黄顶菊

本轮科考中，在北大港水库北部堤底发现黄顶菊的群落，群落面积约 20 m²，群落覆盖度约 90%，群落高度可达 130 cm。

（3）反枝苋

反枝苋（图 3-68）为苋科苋属一年生草本植物。高可达 1 m；茎粗壮直立，淡绿色，叶片呈菱状卵形或椭圆状卵形，顶端锐尖或尖凹，基部呈楔形，两面及边缘有柔毛，下面毛较密；叶柄淡绿色，有柔毛。圆锥花序顶生及腋生，直立，顶生花穗较侧生者长；苞片及小苞片呈钻形，白色，花被片矩圆形或矩圆状倒卵形，白色，胞果呈扁卵形，薄膜质，淡绿色，种子近球形，边缘钝。7—8 月开花，8—9 月结果。

反枝苋原产美洲热带，已广泛传播并归化于世界各地。19 世纪中叶发现于我国河北省和山东省，现广泛分布于东北、华北地区及沿长江流域各省。

反枝苋是伴人植物，常见生在田园内、农地旁和人居环境附近的草地上，有时生在瓦房上。反枝苋传播方式多样，可随有机肥、种子、水流、风力，甚至鸟类等进行传播。反枝苋表现出很高的表型可塑性和基因可变性，适宜生活在多种农田和杂草丛生的地方，适应性极强。同时，反枝苋生长非常迅速且能够产生大量具有生活力的种子，其种子可形成持久稳定的种子库。由于环境、遗传的原因，使得种子具休眠特性和参差不齐的萌发方式，这可增强适应能力和竞争优势。反枝苋于 2014 年被列入《中国外来入侵物种名单（第三批）》。

图 3-68　反枝苋

本轮科考中，在北大港水库北部、西部多处发现反枝苋的群落，群落面积超过 200 m²，群落覆盖度约 90%，群落高度可达 70 cm。常见伴生种包括绿穗苋、皱果苋、马齿苋、狗尾草和虎尾草等。

（4）小蓬草

小蓬草（图 3-69）为菊科白酒草一年生草本植物。根纺锤状，茎直立，高可达 100 cm 或更高，圆柱状；叶密集，基部叶花期常枯萎，下部叶倒披针形，近无柄或无柄；头状花序多数，较小，花序梗细，总苞近圆柱状，总苞片呈淡绿色，线状披针形或线形，花托平，雌花多数，舌状，白色，舌片小，稍超出花盘，线形，两性花呈淡黄色，花冠呈管状，瘦果呈线状披针形，被贴微毛；冠毛呈污白色，5—9 月开花。

小蓬草原产北美洲，1860 年在我国山东省烟台市发现，现已分布于我国安徽、澳门、北京、福建、甘肃、广东、广西、贵州、海南、河北、河南、黑龙江、湖北、湖南、吉林、江苏、江西、辽宁、内蒙古、宁夏、青海、山东、山西、陕西、四川、台湾地区、天津、西藏、香港、新疆、云南、浙江、重庆等地，是中国分布广泛的入侵物种之一，常生长于旷野、荒地、田边和路旁。该植物可产生大量瘦果，蔓延极快，对秋收作物、果园和茶园危害严重，为一种常见杂草，通过分泌化感物质抑

图 3-69　小蓬草

制邻近其他植物的生长。鉴于此，小蓬草于 2014 年被列入《中国外来入侵物种名单（第三批）》。

本轮科考中，在北大港水库北部、西部堤顶路路旁、林缘或人居环境中发现小蓬草的群落，常出现在受损迹地中。群落覆盖度约 60%，群落高度可达 140 cm。常见伴生种包括翅果菊（*Pterocypsela indica*）、狗尾草、虎尾草和马齿苋等。

（5）圆叶牵牛

圆叶牵牛（图 3-70）为旋花科牵牛属一年生缠绕草本植物。叶片呈圆心形或宽卵状心形，基部心形，顶端锐尖、骤尖或渐尖，两面疏或密被刚伏毛；花腋生，着生于花序梗顶端成伞形聚伞花序，花序梗比叶柄短或近等长，苞片呈线形，萼片渐尖，花冠呈漏斗状，为紫红色、红色或白色，花冠管通常呈白色，花丝基部被柔毛；子房无毛，柱头头状；花盘环状。蒴果近球形，种子呈卵状三棱形，黑褐色或米黄色，被极短的糠秕状毛。5—10 月开花，8—11 月结果。

圆叶牵牛原分布于热带美洲，广泛引植于世界各地，现已成为归化植物。中国大部分地区有分布，生长在平地至海拔 2 800 m 的田边、路边、宅旁或山谷林内，栽培或沦为野生。圆叶牵牛性喜温暖、湿润、阳光充足的环境。对土壤要求不高，微酸性至微碱性土壤都可生长。鉴于此，圆叶牵牛于 2014 年被列入《中国外来入侵

图 3-70　圆叶牵牛

物种名单（第三批）》。

　　本轮科考中，在北大港水库多处均发现圆叶牵牛群落，群落面积极大，群落覆盖度可高达 95%。常见攀附于其他植物之上，也见铺散于裸地之上。

（6）鬼针草

　　鬼针草（图 3-71）为菊科鬼针草属一年生草本。茎直立，高 30~100 cm，钝四棱形。茎下部叶较小，3 裂或不分裂，小叶 3 枚；顶生小叶较大，长椭圆形或卵状长圆形；上部叶小，3 裂或不分裂，条状披针形。头状花序直径 8~9 mm，总苞基部被短柔毛，苞片 7~8 枚。无舌状花，盘花筒状。瘦果黑色，条形，具棱，顶端芒刺3~4 枚。

　　鬼针草广布于亚洲和美洲的热带和亚热带地区，我国广泛见于华东、华中、华南、西南各省区。鬼针草喜长于温暖湿润的环境，以疏松肥沃、富含腐殖质的沙质壤土及黏壤土为宜，常见生于村旁、路边、荒地或耕地中。在其入侵的生境中，鬼针草的主要危害表现在：与农作物争夺水分、养分和光能，影响作物对光能利用和光合作用，干扰并限制作物的生长；降低农作物产量和品质；增加管理用工和生产成

图 3-71　鬼针草

本等。鉴于此，鬼针草于 2014 年被列入《中国外来入侵物种名单（第三批）》。

　　本轮科考中，在北大港湿地保护区内多处发现鬼针草群落，常与狗尾草、虎尾草、牛筋草、绿穗苋、马齿苋、猪毛蒿等草本植物伴生，群落面积极大，群落覆盖度可高达 65%。

结论和建议

4.1　主要结论

北大港湿地保护区植被与植物多样性研究的主要结论如下。

（1）北大港湿地保护区植物种类丰富，优势科属较为明显

北大港湿地保护区共发现高等植物 65 科 176 属 260 种（含种下阶元）。其中优势科包括菊科、禾本科、豆科、蔷薇科、藜科、蓼科和十字花科等，仅含 1 种的科所占比例较大，占科总数的 50.77%；优势属有蒿属、藜属、蓼属、桃属和苋属等，仅含 1 种的单种属达 125 属，占属总数的 71.02%。整体而言，北大港湿地保护区的植物种类较为丰富，且优势科属较为明显。本次科考中发现了 5 种植物新记录。

（2）野生乡土植物比例较大，但人工栽培植物仍占据较大比例

北大港湿地保护区植物种类中，野生乡土物种在种类、数量和分布上均占据绝对优势，野生乡土物种共计 181 种，占种总数的 69.62%，但人工栽培植物种数占据了种总数的 30.38%，所占比例较为可观。人工栽培植物以用于景观和防护的木本植物为主，其植物群落的数量和分布均有扩张趋势，在种类、数量和分布面积上均对野生乡土物种形成一定冲击。

（3）植物科和属区系成分复杂，世界分布和泛热带分布成分占主导

从野生植物科的分布区类型构成来看，北大港湿地保护区 72% 以上的野生植物科都属于世界分布类型，其次是泛热带分布类型（约占 15%），其余分布区类型包含的科均较少；从野生植物属的分布区类型构成来看，北大港湿地保护区野生植物属共覆盖了 12 个区系成分，其中世界分布、泛热带分布、北温带分布和旧世界温带分布的属占优势，而缺少热带亚洲至热带非洲分布、中亚分布和中国特有分布区这 3 个分布类型。

（4）植物生活型丰富，草本植物占主要优势

北大港湿地保护区植物的生活型类型以草本植物所占比例最大（约占种总数的 65%），木本植物比例较小（约占种总数的 26%），灌木种类较为缺乏（约占种总数的 9.6%）。水生植物和湿生植物群落占据优势，种类和数量均极为丰富，尤其是芦苇、水烛和扁秆藨草等，形成了单优势群落，决定了北大港湿地保护区植物群落的基础外貌和基本演替方向。

（5）植物群落结构复杂，多样性指数居于中间水平

从群落结构和多样性来看，北大港湿地保护区整体上以芦苇、水烛、扁秆藨草

和盐地碱蓬单优势种群落为主，但在漫滩湿地和杂草地等生境类型下，又发育出种丰富度和多样性水平均较高的植物群落。总体而言，北大港湿地保护区的香农-威纳多样性指数为3.273，辛普森多样性指数为0.922，Pielou均匀度指数为0.677，与天津七里海湿地、大黄堡湿地和团泊洼湿地的群落多样性水平相近。

（6）重点保护植物和入侵植物种类较少

本轮科考发现，北大港湿地保护区内存在国家Ⅱ级重点保护植物1种，即野大豆；发现入侵植物6种，即互花米草、黄顶菊、反枝苋、小蓬草、圆叶牵牛和鬼针草。

值得注意的是，本轮科考中发现的5种植物新记录，即合被苋、发枝黍、刺黄花稔、小花山桃草、马泡瓜，以及《天津植物志》已有记录的北美苋等，尽管尚未被列入外来入侵物种名单，但在某些方面表现出生物入侵的特征，有关部门应引起重视，必要时加以防范。

4.2　主要建议

基于本轮植被与植物多样性研究的成果，为促进和改善北大港湿地保护区的生态保护状况，以及科学地进行植物资源管理、保护和利用，提出以下主要建议。

（1）加强水文管理，保证生态用水

近百年来，天津地区的降水量呈现不断减少的趋势。特别是20世纪的后50年，降水量减少的态势更为明显，50年来年降水量减少了200 mm以上。同时随着全球气候的变暖，年平均气温的不断升高，天津地区的年平均气温也处在缓慢上升阶段，1949—2008年间天津地区年平均气温升高1℃以上。降水量的减少使得到达北大港湿地保护区的水量大为减少，同时气温的增加导致了蒸发量增加，再加上广泛开展渔业养殖、灌溉等对水资源的需求，使得北大港湿地保护区水量、水位持续下降，湿地水文特征满足不了植被演替需求，影响了植被恢复效果和多样性水平。此外，水量减少亦引起相似物种的演替加快，其中最具有代表性的例子是水烛对芦苇的排挤甚至取代。相比较而言，水烛更适应于水量偏少的生境；当水量减少时，芦苇的竞争力弱于水烛，容易被水烛所取代。芦苇是北大港湿地保护区数量最多、分布最广的物种，若大量被水烛取代，可能引发生态系统结构进一步被改变等生态问题。

因此，建议相关管理部门在宏观把握北大港湿地自然保护区生态环境状况的基础上，制定科学合理的水文管理策略，保证湿地的生态用水。在不同季节维持不同的水位，为植物生长提供适宜的生境水文条件。

（2）减少人为干扰，保护乡土植物

近年来，相关管理部门对北大港湿地保护区采取了更加严格的管理措施，对破坏湿地、违法捕猎鸟类等行为加强管控，取得了良好的效果。但鉴于管理力量、人员、技术和经费等的不足，保护区仍然受到一定程度的人为干扰。大量开挖湿地成为养殖鱼塘，大量开挖油井和油田作业，少量的农业和林业生产，加上其他形式的人为干扰（如施用除草剂、放牧、烧荒等），使得北大港湿地保护区的植被受到巨大的影响，导致植物生长势降低、部分分布狭窄的乡土物种减少甚至消失。同时，由于上游来水中的有机物增加，导致北大港湿地保护区水体富营养化严重，部分种类（如篦齿眼子菜等）爆发式增长，从而挤压了生态位接近的物种生存空间，导致竞争能力弱的物种数量减少甚至消失。

因此，建议相关管理部门制定科学的管理规范和措施，严格区分和限制人类活动，尤其是减少开挖湿地、施用除草剂等人工干扰，为湿地植被提供适宜的自然生境条件。

（3）控制人工栽培植物，防止入侵植物

入侵植物通常易发生于被过度干扰的生境。尽管截至目前，北大港湿地保护区范围内仅发现了 6 种外来入侵植物，其数量和分布均还处于可控状态，但本区域的入侵风险不容忽视。近年来，区域内大量引入人工栽培植物，主要是作为景观植物或经济作物。严格来说，人工栽培植物也属于外来植物，一切外来植物都有成为入侵植物的机会和可能，如著名的入侵物种加拿大一枝黄花（*Solidago canadensis*），本来作为景观物种被引进，现在已经扩散到许多地区并成为入侵物种，造成了极大的生态和经济危害。

大量的人工栽培植物，不仅其种植过程侵占了乡土物种的空间和生长资源，而且在管理养护过程中亦需要进行更多的人工干扰，这些均不可避免地对生态环境造成干扰。一旦干扰超过了生态系统的自我修复能力，就有可能给入侵物种创造入侵的机会。

（4）全面开展生态评估，制定科学的适应性管理策略

在现有基础上，开展包括植被、土壤、鸟类等内容的综合生态评估，掌握北大港湿地保护区的生态本底状况和潜在威胁，制定明确的管理目标，开展科学的适应

性管理策略研究。在研究的基础上，相关管理部门制定与目标需求配套的管理策略、措施，同时开展定期的生态监测（三年周期），跟踪北大港湿地保护区的生态演替状况，并采取适宜的生态恢复措施，维持并改善保护区的生态系统质量，使北大港湿地保护区成为京津冀区域内生态恢复、生态监测、生态保护与管理、生态科学研究的示范基地，成为美丽天津标志性生态品牌、绿色名片。

附 录

附表1 天津市北大港湿地自然保护区植被与植物多样性科考植物名录

序号	科名	属名	种名	生活型	备注
001	木贼科（Equisetaceae）	木贼属	节节草（*Equisetum ramosissimum*）	多年生草本	野生
002	苹科（Marsileaceae）	苹属	苹（*Marsilea quadrifolia*）	一年生草本	野生
003	银杏科（Ginkgoaceae）	银杏属	银杏（*Ginkgo biloba*）	乔木	栽培
004	柏科（Cupressaceae）	侧柏属	侧柏（*Platycladus orientalis*）	乔木	栽培
005	柏科	圆柏属	龙柏（*Juniperus chinensis* 'Kaizuka'）	乔木	栽培
006	柏科	圆柏属	铺地柏（*J. procumbens*）	灌木	栽培
007	杨柳科（Salicaceae）	柳属	旱柳（*Salix matsudana*）	乔木	野生
008	杨柳科	柳属	绦柳（*S. matsudana* f. *pendula*）	乔木	栽培
009	杨柳科	杨属	加杨（*Populus* × *canadensis*）	乔木	栽培
010	杨柳科	杨属	毛白杨（*P. tomentosa*）	乔木	栽培
011	榆科（Ulmaceae）	榆属	垂枝榆（*Ulmus pumila* 'Tenue'）	乔木	栽培
012	榆科	榆属	金叶榆（*U. pumila* 'Jinye'）	乔木	栽培
013	榆科	榆属	榆树（*U. pumila*）	乔木	野生
014	桑科（Moraceae）	大麻属	大麻（*Cannabis sativa*）	一年生草本	野生
015	桑科	构属	构树（*Broussonetia papyrifera*）	乔木	野生
016	桑科	葎草属	葎草（*Humulus scandens*）	草质藤本	野生
017	桑科	榕属	无花果（*Ficus carica*）	灌木	栽培
018	桑科	桑属	桑（*Morus alba*）	乔木	野生
019	蓼科（Polygonaceae）	蓼属	萹蓄（*Polygonum aviculare*）	一年生草本	野生
020	蓼科	蓼属	红蓼（*P. orientale*）	一年生草本	野生
021	蓼科	蓼属	两栖蓼（*P. amphibium*）	多年生草本	野生
022	蓼科	蓼属	酸模叶蓼（*P. lapathifolium*）	一年生草本	野生
023	蓼科	蓼属	西伯利亚蓼（*P. sibiricum*）	多年生草本	野生
024	蓼科	酸模属	巴天酸模（*Rumex patientia*）	多年生草本	野生
025	蓼科	酸模属	齿果酸模（*R. dentatus*）	一年生草本	野生
026	蓼科	酸模属	羊蹄（*R. japonicus*）	多年生草本	野生
027	藜科（Chenopodiaceae）	滨藜属	滨藜（*Atriplex patens*）	一年生草本	野生
028	藜科	滨藜属	中亚滨藜（*A. centralasiatica*）	一年生草本	野生
029	藜科	地肤属	地肤（*Kochia scoparia*）	一年生草本	野生
030	藜科	地肤属	扫帚菜（*K. scoparia* f. *trichophylla*）	一年生草本	栽培

序号	科名	属名	种名	生活型	备注
031	藜科	碱蓬属	碱蓬 (*Suaeda glauca*)	一年生草本	野生
032	藜科	碱蓬属	盐地碱蓬 (*S. salsa*)	一年生草本	野生
033	藜科	藜属	东亚市藜 (*Chenopodium urbicum* subsp. *sinicum*)	一年生草本	野生
034	藜科	藜属	灰绿藜 (*C. glaucum*)	一年生草本	野生
035	藜科	藜属	尖头叶藜 (*C. acuminatum*)	一年生草本	野生
036	藜科	藜属	藜 (*C. album*)	一年生草本	野生
037	藜科	藜属	小藜 (*C. ficifolium*)	一年生草本	野生
038	藜科	盐角草属	盐角草 (*Salicornia europaea*)	一年生草本	野生
039	藜科	猪毛菜属	猪毛菜 (*Salsola collina*)	一年生草本	野生
040	苋科 (Amaranthaceae)	苋属	凹头苋 (*Amaranthus blitum*)	一年生草本	野生
041	苋科	苋属	北美苋 (*A. blitoides*)	一年生草本	野生
042	苋科	苋属	反枝苋 (*A. retroflexus*)	一年生草本	野生
043	苋科	苋属	合被苋 (*A. polygonoides*)	一年生草本	野生
044	苋科	苋属	绿穗苋 (*A. hybridus*)	一年生草本	野生
045	苋科	苋属	皱果苋 (*A. viridis*)	一年生草本	野生
046	马齿苋科 (Portulacaceae)	马齿苋属	马齿苋 (*Portulaca oleracea*)	一年生草本	野生
047	金鱼藻科 (Ceratophyll-aceae)	金鱼藻属	金鱼藻 (*Ceratophyllum demersum*)	多年生草本	野生
048	毛茛科 (Ranunculaceae)	毛茛属	茴茴蒜 (*Ranunculus chinensis*)	一年生草本	野生
049	小檗科 (Berberidaceae)	小檗属	紫叶小檗 (*Berberis thunbergii* var. *atropurpurea*)	灌木	栽培
050	十字花科 (Cruciferae)	播娘蒿属	播娘蒿 (*Descurainia sophia*)	一年生草本	野生
051	十字花科	独行菜属	独行菜 (*Lepidium apetalum*)	一年生草本	野生
052	十字花科	独行菜属	宽叶独行菜 (*L. latifolium*)	多年生草本	野生
053	十字花科	蔊菜属	风花菜 (*Rorippa globosa*)	一年生草本	野生
054	十字花科	蔊菜属	沼生蔊菜 (*R. islandica*)	一年生草本	野生
055	十字花科	荠属	荠 (*Capsella bursa-pastoris*)	一年生草本	野生
056	十字花科	匙荠属	匙荠 (*Zanthoxylum piperitum*)	一年生草本	野生
057	十字花科	盐芥属	盐芥 (*Thellungiella salsuginea*)	一年生草本	野生
058	虎耳草科 (Saxifragaceae)	溲疏属	重瓣溲疏 (*Deutzia scabra* var. *candidissima*)	灌木	栽培
059	悬铃木科 (Platanaceae)	悬铃木属	三球悬铃木 (*Platanus orientalis*)	乔木	栽培

序号	科名	属名	种名	生活型	备注
060	蔷薇科（Rosaceae）	梨属	白梨（*Pyrus bretschneideri*）	乔木	栽培
061	蔷薇科	梨属	杜梨（*P. betulifolia*）	乔木	野生
062	蔷薇科	梨属	沙梨（*P. pyrifolia*）	乔木	栽培
063	蔷薇科	李属	欧洲李（*Prunus domestica*）	乔木	栽培
064	蔷薇科	李属	紫叶矮樱（*P. × cistena*）	灌木	栽培
065	蔷薇科	李属	紫叶李（*P. cerasifera* f. *atropurpurea*）	乔木	栽培
066	蔷薇科	苹果属	北美海棠（*Malus* sp.）	乔木	栽培
067	蔷薇科	苹果属	苹果（*M. pumila*）	乔木	栽培
068	蔷薇科	苹果属	西府海棠（*M. micromalus*）	乔木	栽培
069	蔷薇科	山楂属	山楂（*Crataegus pinnatifida*）	乔木	栽培
070	蔷薇科	桃属	碧桃（*Amygdalus persica* 'Duplex'）	乔木	栽培
071	蔷薇科	桃属	山桃（*A. davidiana*）	乔木	栽培
072	蔷薇科	桃属	桃（*A. persica*）	乔木	栽培
073	蔷薇科	桃属	榆叶梅（*A. triloba*）	灌木	栽培
074	蔷薇科	桃属	紫叶碧桃（*A. persica* 'Atropurpurea'）	乔木	栽培
075	蔷薇科	委陵菜属	朝天委陵菜（*Potentilla supina*）	一年生草本	野生
076	蔷薇科	杏属	杏（*Armeniaca vulgaris*）	乔木	栽培
077	蔷薇科	绣线菊属	金焰绣线菊（*Spiraea japonica* 'Goldflame'）	灌木	栽培
078	豆科（Leguminosae）	草木樨属	草木樨（*Melilotus officinalis*）	多年生草本	野生
079	豆科	草木樨属	细齿草木樨（*M. dentatus*）	多年生草本	野生
080	豆科	刺槐属	刺槐（*Robinia pseudoacacia*）	乔木	栽培
081	豆科	刺槐属	红花刺槐（*R. × ambigua* 'Idahoensis'）	乔木	栽培
082	豆科	大豆属	大豆（*Glycine max*）	一年生草本	栽培
083	豆科	大豆属	野大豆（*G. soja*）	草质藤本	野生
084	豆科	甘草属	圆果甘草（*Glycyrrhiza squamulosa*）	多年生草本	野生
085	豆科	合欢属	合欢（*Albizia julibrissin*）	乔木	栽培
086	豆科	胡枝子属	兴安胡枝子（*Lespedeza davurica*）	灌木	野生
087	豆科	槐属	槐（*Sophora japonica*）	乔木	栽培
088	豆科	槐属	金枝国槐（*S. japonica* 'Golden Stem'）	乔木	栽培
089	豆科	黄耆属	背扁黄耆（*Astragalus complanatus*）	多年生草本	野生

序号	科名	属名	种名	生活型	备注
090	豆科	豇豆属	豇豆（*Vigna unguiculata*）	草质藤本	栽培
091	豆科	豇豆属	绿豆（*V. radiata*）	一年生草本	栽培
092	豆科	豇豆属	贼小豆（*V. minima*）	草质藤本	野生
093	豆科	米口袋属	狭叶米口袋（*Gueldenstaedtia stenophylla*）	多年生草本	野生
094	豆科	苜蓿属	天蓝苜蓿（*Medicago lupulina*）	一年生草本	野生
095	豆科	苜蓿属	紫苜蓿（*M. sativa*）	多年生草本	栽培
096	豆科	紫穗槐属	紫穗槐（*Amorpha fruticosa*）	灌木	栽培
097	酢浆草科（Oxalidaceae）	酢浆草属	酢浆草（*Oxalis corniculata*）	多年生草本	野生
098	牻牛儿苗科（Geraniaceae）	牻牛儿苗属	牻牛儿苗（*Erodium stephanianum*）	多年生草本	野生
099	蒺藜科（Zygophyllaceae）	白刺属	小果白刺（*Nitraria sibirica*）	灌木	野生
100	蒺藜科	蒺藜属	蒺藜（*Tribulus terrestris*）	一年生草本	野生
101	芸香科（Rutaceae）	花椒属	花椒（*Zanthoxylum bungeanum*）	乔木	栽培
102	苦木科（Simaroubaceae）	臭椿属	臭椿（*Ailanthus altissima*）	乔木	野生
103	楝科（Meliaceae）	楝属	楝（*Melia azedarach*）	乔木	栽培
104	大戟科（Euphorbiaceae）	大戟属	斑地锦（*Euphorbia maculata*）	一年生草本	野生
105	大戟科	大戟属	地锦草（*E. humifusa*）	一年生草本	野生
106	大戟科	铁苋菜属	铁苋菜（*Acalypha australis*）	一年生草本	野生
107	漆树科（Anacardiaceae）	黄栌属	黄栌（*Cotinus coggygria*）	灌木	栽培
108	漆树科	盐肤木属	火炬树（*Rhus typhina*）	乔木	栽培
109	卫矛科（Celastraceae）	卫矛属	冬青卫矛（*Euonymus japonicus*）	灌木	栽培
110	无患子科（Sapindaceae）	栾树属	栾树（*Koelreuteria paniculata*）	乔木	栽培
111	鼠李科（Rhamnaceae）	枣属	酸枣（*Ziziphus jujuba* var. *spinosa*）	灌木	野生
112	鼠李科	枣属	枣（*Z. jujuba*）	乔木	栽培
113	葡萄科（Vitaceae）	地锦属	五叶地锦（*Parthenocissus quinquefolia*）	木质藤本	栽培
114	葡萄科	葡萄属	葡萄（*Vitis vinifera*）	木质藤本	栽培
115	锦葵科（Malvaceae）	黄花稔属	刺黄花稔（*Sida spinosa*）	多年生草本	野生

序号	科名	属名	种名	生活型	备注
116	锦葵科	棉属	陆地棉（*Gossypium hirsutum*）	一年生草本	栽培
117	锦葵科	木槿属	大花秋葵（*Hibiscus grandiflorus*）	一年生草本	栽培
118	锦葵科	木槿属	木槿（*H. syriacus*）	灌木	栽培
119	锦葵科	木槿属	野西瓜苗（*H. trionum*）	一年生草本	野生
120	锦葵科	苘麻属	苘麻（*Abutilon theophrasti*）	一年生草本	野生
121	锦葵科	蜀葵属	蜀葵（*Alcea rosea*）	多年生草本	栽培
122	柽柳科（Tamaricaceae）	柽柳属	柽柳（*Tamarix chinensis*）	乔木	野生
123	堇菜科（Violaceae）	堇菜属	早开堇菜（*Viola prionantha*）	多年生草本	野生
124	堇菜科	堇菜属	紫花地丁（*V. philippica*）	多年生草本	野生
125	石榴科（Punicaceae）	石榴属	石榴（*Punica granatum*）	灌木	栽培
126	柳叶菜科（Onagraceae）	山桃草属	小花山桃草（*Gaura parviflora*）	一年生草本	野生
127	小二仙草科（Haloragaceae）	狐尾藻属	穗状狐尾藻（*Myriophyllum spicatum*）	多年生草本	野生
128	伞形科（Umbelliferae）	蛇床属	蛇床（*Cnidium monnieri*）	一年生草本	野生
129	报春花科（Primulaceae）	点地梅属	点地梅（*Androsace umbellata*）	一年生草本	野生
130	白花丹科（Plumbaginaceae）	补血草属	二色补血草（*Limonium bicolor*）	多年生草本	野生
131	柿树科（Ebenaceae）	柿属	柿（*Diospyros kaki*）	乔木	栽培
132	木犀科（Oleaceae）	梣属	绒毛梣（*Fraxinus velutina*）	乔木	栽培
133	木犀科	丁香属	白丁香（*Syringa oblata* var. *alba*）	灌木	栽培
134	木犀科	丁香属	紫丁香（*S. oblata*）	灌木	栽培
135	木犀科	连翘属	金钟花（*Forsythia viridissima*）	灌木	栽培
136	木犀科	连翘属	连翘（*F. suspensa*）	灌木	栽培
137	木犀科	女贞属	金叶女贞（*Ligustrum* × *vicaryi*）	灌木	栽培
138	龙胆科（Gentianaceae）	莕菜属	莕菜（*Nymphoides peltatum*）	多年生草本	野生
139	夹竹桃科（Apocynaceae）	罗布麻属	罗布麻（*Apocynum venetum*）	半灌木	野生
140	萝藦科（Asclepiadaceae）	鹅绒藤属	地梢瓜（*Cynanchum thesioides*）	多年生草本	野生
141	萝藦科	鹅绒藤属	鹅绒藤（*C. chinense*）	多年生草本	野生
142	萝藦科	萝藦属	萝藦（*Metaplexis japonica*）	草质藤本	野生

序号	科名	属名	种名	生活型	备注
143	旋花科 （Convolvulaceae）	打碗 花属	打碗花（*Calystegia hederacea*）	草质藤本	野生
144	旋花科	牵牛属	裂叶牵牛（*Ipomoea hederacea*）	草质藤本	野生
145	旋花科	牵牛属	牵牛（*I. nil*)	草质藤本	野生
146	旋花科	牵牛属	圆叶牵牛（*I. purpurea*）	草质藤本	野生
147	旋花科	菟丝 子属	金灯藤（*Cuscuta japonica*）	寄生植物	野生
148	旋花科	菟丝 子属	菟丝子（*C. chinensis*）	寄生植物	野生
149	旋花科	旋花属	田旋花（*Convolvulus arvensis*）	多年生草本	野生
150	紫草科 （Boraginaceae）	斑种 草属	斑种草（*Bothriospermum chinense*）	一年生草本	野生
151	紫草科	附地 菜属	附地菜（*Trigonotis peduncularis*）	一年生草本	野生
152	紫草科	鹤虱属	鹤虱（*Lappula myosotis*）	多年生草本	野生
153	紫草科	砂引 草属	砂引草（*Messerschmidia sibirica*）	多年生草本	野生
154	马鞭草科 （Verbenaceae）	牡荆属	荆条（*Vitex negundo* var. *heterophylla*）	灌木	野生
155	唇形科 （Labiatae）	地笋属	地笋（*Lycopus lucidus*）	多年生草本	野生
156	唇形科	鼠尾 草属	荔枝草（*Salvia plebeia*）	一年生草本	野生
157	唇形科	夏至 草属	夏至草（*Lagopsis supina*）	多年生草本	野生
158	唇形科	益母 草属	白花益母草（*Leonurus artemisia* var. *albiflorus*）	一年生草本	野生
159	唇形科	益母 草属	细叶益母草（*L. sibiricus*）	一年生草本	野生
160	唇形科	益母 草属	益母草（*L. japonicus*）	一年生草本	野生
161	茄科 （Solanaceae）	番茄属	番茄（*Lycopersicon esculentum*）	一年生草本	栽培
162	茄科	枸杞属	枸杞（*Lycium chinense*）	灌木	野生
163	茄科	枸杞属	宁夏枸杞（*L. barbarum*）	灌木	栽培
164	茄科	曼陀 罗属	曼陀罗（*Datura stramonium*）	半灌木	野生
165	茄科	茄属	龙葵（*Solanum nigrum*）	一年生草本	野生
166	茄科	茄属	茄（*S. melongena*）	半灌木	栽培
167	玄参科 （Scrophu-lariaceae）	地黄属	地黄（*Rehmannia glutinosa*）	多年生草本	野生
168	玄参科	泡桐属	毛泡桐（*Paulownia tomentosa*）	乔木	栽培

序号	科名	属名	种名	生活型	备注
169	车前科（Plantaginaceae）	车前属	车前（*Plantago asiatica*）	多年生草本	野生
170	车前科	车前属	大车前（*P. major*）	多年生草本	野生
171	车前科	车前属	平车前（*P. depressa*）	一年生草本	野生
172	茜草科（Rubiaceae）	茜草属	茜草（*Rubia cordifolia*）	多年生草本	野生
173	忍冬科（Caprifoliaceae）	忍冬属	金银忍冬（*Lonicera maackii*）	灌木	栽培
174	葫芦科（Cucurbitaceae）	黄瓜属	马泡瓜（*Cucumis melo* var. *agrestis*）	草质藤本	野生
175	葫芦科	栝楼属	栝楼（*Trichosanthes kirilowii*）	草质藤本	野生
176	葫芦科	西瓜属	西瓜（*Citrullus lanatus*）	草质藤本	栽培
177	菊科（Compositae）	白酒草属	小蓬草（*Conyza canadensis*）	一年生草本	野生
178	菊科	百日菊属	百日菊（*Zinnia elegans*）	一年生草本	栽培
179	菊科	苍耳属	苍耳（*Xanthium sibiricum*）	一年生草本	野生
180	菊科	翅果菊属	翅果菊（*Pterocypsela indica*）	一年生草本	野生
181	菊科	狗娃花属	阿尔泰狗娃花（*Heteropappus altaicus*）	多年生草本	野生
182	菊科	鬼针草属	鬼针草（*Bidens pilosa*）	一年生草本	野生
183	菊科	鬼针草属	金盏银盘（*B. biternata*）	一年生草本	野生
184	菊科	鬼针草属	狼杷草（*B. tripartita*）	一年生草本	野生
185	菊科	鬼针草属	婆婆针（*B. bipinnata*）	一年生草本	野生
186	菊科	蒿属	艾（*Artemisia argyi*）	半灌木	野生
187	菊科	蒿属	黄花蒿（*A.annua*）	一年生草本	野生
188	菊科	蒿属	碱蒿（*A. anethifolia*）	一年生草本	野生
189	菊科	蒿属	蒌蒿（*A. selengensis*）	半灌木	野生
190	菊科	蒿属	野艾蒿（*A. lavandulifolia*）	多年生草本	野生
191	菊科	蒿属	茵陈蒿（*A. capillaris*）	半灌木	野生
192	菊科	蒿属	猪毛蒿（*A. scoparia*）	一年生草本	野生
193	菊科	黄顶菊属	黄顶菊（*Flaveria bidentis*）	一年生草本	野生
194	菊科	蓟属	刺儿菜（*Cirsium segetum*）	多年生草本	野生
195	菊科	碱菀属	碱菀（*Tripolium vulgare*）	一年生草本	野生
196	菊科	苦苣菜属	苣荬菜（*Sonchus arvensis*）	多年生草本	野生
197	菊科	苦苣菜属	苦苣菜（*S. oleraceus*）	一年生草本	野生

序号	科名	属名	种名	生活型	备注
198	菊科	鳢肠属	鳢肠（*Eclipta prostrata*）	一年生草本	野生
199	菊科	马兰属	全叶马兰（*Kalimeris integrifolia*）	多年生草本	野生
200	菊科	泥胡菜属	泥胡菜（*Hemistepta lyrata*）	一年生草本	野生
201	菊科	蒲公英属	蒲公英（*Taraxacum mongolicum*）	多年生草本	野生
202	菊科	秋英属	秋英（*Cosmos bipinnata*）	一年生草本	栽培
203	菊科	乳苣属	乳苣（*Mulgedium tataricum*）	多年生草本	野生
204	菊科	向日葵属	菊芋（*Helianthus tuberosus*）	多年生草本	栽培
205	菊科	向日葵属	向日葵（*H. annuus*）	一年生草本	栽培
206	菊科	小苦荬属	抱茎小苦荬（*Ixeridium sonchifolium*）	多年生草本	野生
207	菊科	小苦荬属	中华小苦荬（*I. chinense*）	多年生草本	野生
208	菊科	旋覆花属	旋覆花（*Inula japonica*）	多年生草本	野生
209	菊科）	鸦葱属	华北鸦葱（*Scorzonera albicaulis*）	多年生草本	野生
210	菊科	鸦葱属	蒙古鸦葱（*S. mongolica*）	多年生草本	野生
211	香蒲科（Typhaceae）	香蒲属	水烛（*Typha angustifolia*）	多年生草本	野生
212	眼子菜科（Potamog-etonaceae）	眼子菜属	篦齿眼子菜（*Potamogeton pectinatus*）	多年生草本	野生
213	眼子菜科	眼子菜属	眼子菜（*P. distinctus*）	多年生草本	野生
214	眼子菜科	眼子菜属	菹草（*P. crispus*）	多年生草本	野生
215	茨藻科（Najadaceae）	茨藻属	大茨藻（*Najas marina*）	一年生草本	野生
216	花蔺科（Butomaceae）	花蔺属	花蔺（*Butomus umbellatus*）	多年生草本	野生
217	禾本科（Gramineae）	白茅属	白茅（*Imperata cylindrica*）	多年生草本	野生
218	禾本科	稗属	稗（*Echinochloa crusgalli*）	一年生草本	野生
219	禾本科	稗属	长芒稗（*E. caudata*）	一年生草本	野生
220	禾本科	臭草属	臭草（*Melica scabrosa*）	多年生草本	野生
221	禾本科	鹅观草属	鹅观草（*Roegneria kamoji*）	多年生草本	野生
222	禾本科	鹅观草属	纤毛鹅观草（*R. ciliaris*）	多年生草本	野生

序号	科名	属名	种名	生活型	备注
223	禾本科	刚竹属	早园竹（*Phyllostachys propinqua*）	竹类	栽培
224	禾本科	高粱属	高粱（*Sorghum bicolor*）	一年生草本	栽培
225	禾本科	狗尾草属	狗尾草（*Setaria viridis*）	一年生草本	野生
226	禾本科	狗尾草属	金色狗尾草（*S. pumila*）	一年生草本	野生
227	禾本科	狗牙根属	狗牙根（*Cynodon dactylon*）	多年生草本	野生
228	禾本科	虎尾草属	虎尾草（*Chloris virgata*）	一年生草本	野生
229	禾本科	画眉草属	画眉草（*Eragrostis pilosa*）	一年生草本	野生
230	禾本科	画眉草属	小画眉草（*E. minor*）	一年生草本	野生
231	禾本科	碱茅属	朝鲜碱茅（*Puccinellia chinampoensis*）	多年生草本	野生
232	禾本科	碱茅属	碱茅（*P. distans*）	多年生草本	野生
233	禾本科	碱茅属	星星草（*P. tenuiflora*）	多年生草本	野生
234	禾本科	孔颖草属	白羊草（*Bothriochloa ischaemum*）	多年生草本	野生
235	禾本科	赖草属	羊草（*Leymus chinensis*）	多年生草本	野生
236	禾本科	芦苇属	芦苇（*Phragmites australis*）	多年生草本	野生
237	禾本科	芦竹属	芦竹（*Arundo donax*）	多年生草本	栽培
238	禾本科	马唐属	马唐（*Digitaria sanguinalis*）	一年生草本	野生
239	禾本科	马唐属	毛马唐（*D. ciliaris* var. *chrysoblephara*）	一年生草本	野生
240	禾本科	米草属	互花米草（*Spartina alterniflora*）	多年生草本	野生
241	禾本科	牛鞭草属	牛鞭草（*Hemarthria altissima*）	多年生草本	野生
242	禾本科	䅟属	牛筋草（*Eleusine indica*）	一年生草本	野生
243	禾本科	黍属	发枝黍（*Panicum capillare*）	一年生草本	野生
244	禾本科	小麦属	小麦（*Triticum aestivum*）	一年生草本	栽培
245	禾本科	野黍属	野黍（*Eriochloa villosa*）	一年生草本	野生
246	禾本科	隐子草属	宽叶隐子草（*Cleistogenes hackelii* var. *nakaii*）	多年生草本	野生
247	禾本科	玉蜀黍属	玉蜀黍（*Zea mays*）	一年生草本	栽培
248	禾本科	獐毛属	獐毛（*Aeluropus sinensis*）	多年生草本	野生
249	莎草科（Cyperaceae）	藨草属	扁秆藨草（*Scirpus planiculmis*）	多年生草本	野生
250	莎草科	莎草属	具芒碎米莎草（*Cyperus microiria*）	一年生草本	野生

序号	科名	属名	种名	生活型	备注
251	莎草科	莎草属	头状穗莎草（*C. glomeratus*）	一年生草本	野生
252	莎草科	藨草属	三棱水葱（*Schoenoplectus triqueter*）	多年生草本	野生
253	莎草科	藨草属	水葱（*S. tabernaemontani*）	多年生草本	野生
254	莎草科	薹草属	寸草（*Carex duriuscula*）	多年生草本	野生
255	浮萍科（Lemnaceae）	浮萍属	浮萍（*Lemna minor*）	一年生草本	野生
256	浮萍科	紫萍属	紫萍（*Spirodela polyrrhiza*）	一年生草本	野生
257	百合科（Liliaceae）	葱属	葱（*Allium fistulosum*）	多年生草本	栽培
258	百合科	丝兰属	凤尾丝兰（*Yucca gloriosa*）	灌木	栽培
259	百合科	萱草属	萱草（*Hemerocallis fulva*）	多年生草本	栽培
260	鸢尾科（Iridaceae）	鸢尾属	马蔺（*Iris lactea* var. *chinensis*）	多年生草本	野生

附录 2 天津市北大港湿地自然保护区植物图谱

 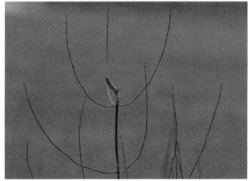

木贼科（Equisetaceae）木贼属节节草（*Equisetum ramosissimum*）

苹科（Marsileaceae）苹属苹（*Marsilea quadrifolia*）

银杏科（Ginkgoaceae）银杏属银杏（*Ginkgo biloba*）

柏科（Cupressaceae）侧柏属侧柏（*Platycladus orientalis*）

柏科（Cupressaceae）圆柏属龙柏（*Juniperus chinensis* 'Kaizuka'）

柏科（Cupressaceae）圆柏属铺地柏（*Juniperus procumbens*）

杨柳科（Salicaceae）柳属旱柳（*Salix matsudana*）

杨柳科（Salicaceae）柳属绦柳（*Salix matsudana* f. *pendula*）

杨柳科（Salicaceae）杨属加杨（*Populus* × *canadensis*）

杨柳科（Salicaceae）杨属毛白杨（*Populus tomentosa*）

榆科（Ulmaceae）榆属垂枝榆（*Ulmus pumila* 'Tenue'）

榆科（Ulmaceae）榆属金叶榆（*Ulmus pumila* 'Jinye'）

榆科（Ulmaceae）榆属榆树（*Ulmus pumila*）

桑科（Moraceae）大麻属大麻（*Cannabis sativa*）

桑科（Moraceae）构属构树（*Broussonetia papyrifera*）

桑科（Moraceae）葎草属葎草（*Humulus scandens*）

桑科（Moraceae）榕属无花果（*Ficus carica*）

桑科（Moraceae）桑属桑（*Morus alba*）

蓼科（Polygonaceae）蓼属萹蓄（*Polygonum aviculare*）

蓼科（Polygonaceae）蓼属红蓼（*Polygonum orientale*）

蓼科（Polygonaceae）蓼属两栖蓼（*Polygonum amphibium*）

蓼科（Polygonaceae）蓼属酸模叶蓼（*Polygonum lapathifolium*）

蓼科（Polygonaceae）蓼属西伯利亚蓼（*Polygonum sibiricum*）

蓼科（Polygonaceae）酸模属巴天酸模（*Rumex patientia*）

蓼科（Polygonaceae）酸模属齿果酸模（*Rumex dentatus*）

蓼科（Polygonaceae）酸模属羊蹄 *(Rumex japonicus)*

藜科（Chenopodiaceae）滨藜属滨藜（*Atriplex patens*）

藜科（Chenopodiaceae）滨藜属中亚滨藜（*Atriplex centralasiatica*）

藜科（Chenopodiaceae）地肤属地肤（*Kochia scoparia*）

藜科（Chenopodiaceae）地肤属扫帚菜（*Kochia scoparia* f. *trichophylla*）

藜科（Chenopodiaceae）碱蓬属碱蓬（*Suaeda glauca*）

藜科（Chenopodiaceae）碱蓬属盐地碱蓬（*Suaeda salsa*）

藜科（Chenopodiaceae）藜属东亚市藜（*Chenopodium urbicum* subsp. *sinicum*）

藜科（Chenopodiaceae）藜属灰绿藜（*Chenopodium glaucum*）

藜科（Chenopodiaceae）藜属尖头叶藜（*Chenopodium acuminatum*）

藜科（Chenopodiaceae）藜属藜（*Chenopodium album*）

藜科（Chenopodiaceae）藜属小藜（*Chenopodium ficifolium*）

藜科（Chenopodiaceae）盐角草属盐角草（*Salicornia europaea*）

藜科（Chenopodiaceae）猪毛菜属猪毛菜（*Salsola collina*）

苋科（Amaranthaceae）苋属凹头苋（*Amaranthus blitum*）

苋科（Amaranthaceae）苋属北美苋（*Amaranthus blitoides*）

苋科（Amaranthaceae）苋属反枝苋（*Amaranthus retroflexus*）

苋科（Amaranthaceae）苋属合被苋（*Amaranthus polygonoides*）

苋科（Amaranthaceae）苋属绿穗苋（*Amaranthus hybridus*）

苋科（Amaranthaceae）苋属皱果苋（*Amaranthus viridis*）

马齿苋科（Portulacaceae）马齿苋属马齿苋（*Portulaca oleracea*）

金鱼藻科（Ceratophyllaceae）金鱼藻属金鱼藻（*Ceratophyllum demersum*）

毛茛科（Ranunculaceae）毛茛属茴茴蒜（*Ranunculus chinensis*）

小檗科（Berberidaceae）小檗属紫叶小檗（*Berberis thunbergii* var. *atropurpurea*）

十字花科（Cruciferae）播娘蒿属播娘蒿（*Descurainia sophia*）

十字花科（Cruciferae）独行菜属独行菜（*Lepidium apetalum*）

十字花科（Cruciferae）独行菜属宽叶独行菜（*Lepidium latifolium*）

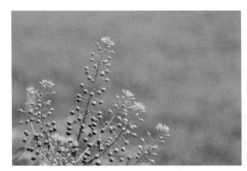

十字花科（Cruciferae）蔊菜属风花菜（*Rorippa globosa*）

十字花科（Cruciferae）蔊菜属沼生蔊菜（*Rorippa islandica*）

十字花科（Cruciferae）荠属荠（*Capsella bursa-pastoris*）

十字花科（Cruciferae）匙荠属匙荠（*Zanthoxylum piperitum*）

十字花科（Cruciferae）盐芥属盐芥（*Thellungiella salsuginea*）

虎耳草科（Saxifragaceae）溲疏属重瓣溲疏（*Deutzia scabra* var. *candidissima*）

悬铃木科（Platanaceae）悬铃木属三球悬铃木（*Platanus orientalis*）

蔷薇科（Rosaceae）梨属白梨（*Pyrus bretschneideri*）

蔷薇科（Rosaceae）梨属杜梨（*Pyrus betulifolia*）

蔷薇科（Rosaceae）梨属沙梨（*Pyrus pyrifolia*）

蔷薇科（Rosaceae）李属欧洲李（*Prunus domestica*）

蔷薇科（Rosaceae）李属紫叶矮樱（*Prunus × cistena*）

蔷薇科（Rosaceae）李属紫叶李（*Prunus cerasifera* f. *atropurpurea*）

蔷薇科（Rosaceae）苹果属北美海棠（*Malus* sp.）

蔷薇科（Rosaceae）苹果属苹果（*Malus pumila*）

蔷薇科（Rosaceae）苹果属西府海棠（*Malus micromalus*）

蔷薇科（Rosaceae）山楂属山楂（*Crataegus pinnatifida*）

蔷薇科（Rosaceae）桃属碧桃（*Amygdalus persica* 'Duplex'）

 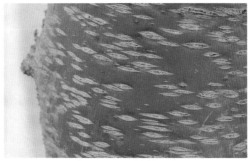

蔷薇科（Rosaceae）桃属山桃（*Amygdalus davidiana*）

蔷薇科（Rosaceae）桃属桃（*Amygdalus persica*）

蔷薇科（Rosaceae）桃属榆叶梅（*Amygdalus triloba*）

蔷薇科（Rosaceae）桃属紫叶碧桃（*Amygdalus persica* 'Atropurpurea'）

蔷薇科（*Rosaceae*）委陵菜属朝天委陵菜（*Potentilla supina*）

蔷薇科〔Rosaceae〕杏属杏〔*Armeniaca vulgaris*〕

蔷薇科〔Rosaceae〕绣线菊属金焰绣线菊〔*Spiraea japonica* 'Goldflame'〕

豆科〔Leguminosae〕草木樨属草木樨〔*Melilotus officinalis*〕

豆科〔Leguminosae〕草木樨属细齿草木樨〔*Melilotus dentatus*〕

豆科（Leguminosae）刺槐属刺槐（*Robinia pseudoacacia*）

豆科（Leguminosae）刺槐属红花刺槐（*Robinia × ambigua* 'Idahoensis'）

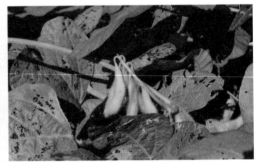

豆科（Leguminosae）大豆属大豆（*Glycine max*）

豆科（Leguminosae）大豆属野大豆（*Glycine soja*）

豆科（Leguminosae）甘草属圆果甘草（*Glycyrrhiza squamulosa*）

豆科（Leguminosae）合欢属合欢（*Albizia julibrissin*）

豆科（Leguminosae）胡枝子属兴安胡枝子（*Lespedeza davurica*）

豆科（Leguminosae）槐属槐（*Sophora japonica*）

豆科（Leguminosae）槐属金枝国槐（*Sophora japonica* 'Golden Stem'）

豆科（Leguminosae）黄耆属背扁黄耆（*Astragalus complanatus*）

豆科（Leguminosae）豇豆属豇豆（*Vigna unguiculata*）

豆科（Leguminosae）豇豆属绿豆（*Vigna radiata*）

豆科（Leguminosae）豇豆属贼小豆（*Vigna minima*）

豆科（Leguminosae）米口袋属狭叶米口袋（*Gueldenstaedtia stenophylla*）

豆科（Leguminosae）苜蓿属天蓝苜蓿（*Medicago lupulina*）

豆科（Leguminosae）苜蓿属紫苜蓿（*Medicago sativa*）

豆科（Leguminosae）紫穗槐属紫穗槐（*Amorpha fruticosa*）

酢浆草科（Oxalidaceae）酢浆草属酢浆草（*Oxalis corniculata*）

牻牛儿苗科（Geraniaceae）牻牛儿苗属牻牛儿苗（*Erodium stephanianum*）

蒺藜科（Zygophyllaceae）白刺属小果白刺（*Nitraria sibirica*）

蒺藜科〔Zygophyllaceae〕蒺藜属蒺藜〔*Tribulus terrestris*〕

芸香科〔Rutaceae〕花椒属花椒〔*Zanthoxylum bungeanum*〕

苦木科〔Simaroubaceae〕臭椿属臭椿〔*Ailanthus altissima*〕

楝科〔Meliaceae〕楝属楝〔*Melia azedarach*〕

大戟科（Euphorbiaceae）大戟属斑地锦（*Euphorbia maculata*）

大戟科（Euphorbiaceae）大戟属地锦草（*Euphorbia humifusa*）

大戟科（Euphorbiaceae）铁苋菜属铁苋菜（*Acalypha australis*）

漆树科（Anacardiaceae）黄栌属黄栌（*Cotinus coggygria*）

漆树科（Anacardiaceae）盐肤木属火炬树（*Rhus typhina*）

卫矛科（Celastraceae）卫矛属冬青卫矛（*Euonymus japonicus*）

无患子科（Sapindaceae）栾树属栾树（*Koelreuteria paniculata*）

鼠李科（Rhamnaceae）枣属酸枣（*Ziziphus jujuba* var. *spinosa*）

115

鼠李科（Rhamnaceae）枣属枣（*Ziziphus jujuba*）

葡萄科（Vitaceae）地锦属五叶地锦（*Parthenocissus quinquefolia*）

葡萄科（Vitaceae）葡萄属葡萄（*Vitis vinifera*）

锦葵科（Malvaceae）黄花稔属刺黄花稔（*Sida spinosa*）

锦葵科（Malvaceae）棉属陆地棉（*Gossypium hirsutum*）

锦葵科（Malvaceae）木槿属大花秋葵（*Hibiscus grandiflorus*）

锦葵科（Malvaceae）木槿属木槿（*Hibiscus syriacus*）

锦葵科（Malvaceae）木槿属野西瓜苗（*Hibiscus trionum*）

锦葵科（Malvaceae）苘麻属苘麻（*Abutilon theophrasti*）

锦葵科（Malvaceae）蜀葵属蜀葵（*Alcea rosea*）

柽柳科（Tamaricaceae）柽柳属柽柳（*Tamarix chinensis*）

堇菜科（Violaceae）堇菜属早开堇菜（*Viola prionantha*）

董菜科〔Violaceae〕董菜属紫花地丁〔*Viola philippica*〕

石榴科〔Punicaceae〕石榴属石榴〔*Punica granatum*〕

柳叶菜科〔Onagraceae〕山桃草属小花山桃草〔*Gaura parviflora*〕

小二仙草科〔Haloragaceae〕狐尾藻属穗状狐尾藻〔*Myriophyllum spicatum*〕

伞形科（Umbelliferae）蛇床属蛇床（*Cnidium monnieri*）

报春花科（Primulaceae）点地梅属点地梅（*Androsace umbellata*）

白花丹科（Plumbaginaceae）补血草属二色补血草（*Limonium bicolor*）

柿树科（Ebenaceae）柿属柿（*Diospyros kaki*）

木犀科（Oleaceae）梣属绒毛梣（*Fraxinus velutina*）

木犀科（Oleaceae）丁香属白丁香（*Syringa oblata* var. *alba*）

木犀科（Oleaceae）丁香属紫丁香（*Syringa oblata*）

木犀科（Oleaceae）连翘属金钟花（*Forsythia viridissima*）

木犀科（Oleaceae）连翘属连翘（*Forsythia suspensa*）

木犀科（Oleaceae）女贞属金叶女贞（*Ligustrum* × *vicaryi*）

龙胆科（Gentianaceae）莕菜属莕菜（*Nymphoides peltatum*）

夹竹桃科（Apocynaceae）罗布麻属罗布麻（*Apocynum venetum*）

萝藦科（Asclepiadaceae）鹅绒藤属地梢瓜（*Cynanchum thesioides*）

萝藦科（Asclepiadaceae）鹅绒藤属鹅绒藤（*Cynanchum chinense*）

萝藦科（Asclepiadaceae）萝藦属萝藦（*Metaplexis japonica*）

旋花科（Convolvulaceae）打碗花属打碗花（*Calystegia hederacea*）

旋花科（Convolvulaceae）牵牛属裂叶牵牛（*Ipomoea hederacea*）

旋花科（Convolvulaceae）牵牛属牵牛（*Ipomoea nil*）

旋花科（Convolvulaceae）牵牛属圆叶牵牛（*Ipomoea purpurea*）

旋花科（Convolvulaceae）菟丝子属金灯藤（*Cuscuta japonica*）

旋花科（Convolvulaceae）菟丝子属菟丝子（*Cuscuta chinensis*）

旋花科（Convolvulaceae）旋花属田旋花（*Convolvulus arvensis*）

紫草科（Boraginaceae）斑种草属斑种草（*Bothriospermum chinense*）

紫草科（Boraginaceae）附地菜属附地菜（*Trigonotis peduncularis*）

紫草科（Boraginaceae）鹤虱属鹤虱（*Lappula myosotis*）

紫草科（Boraginaceae）砂引草属砂引草（*Messerschmidia sibirica*）

马鞭草科（Verbenaceae）牡荆属荆条（*Vitex negundo* var. *heterophylla*）

唇形科（Labiatae）地笋属地笋（*Lycopus lucidus*）

唇形科（Labiatae）鼠尾草属荔枝草（*Salvia plebeia*）

唇形科（Labiatae）夏至草属夏至草（*Lagopsis supina*）

唇形科（Labiatae）益母草属白花益母草（*Leonurus artemisia* var. *albiflorus*）

唇形科（Labiatae）益母草属细叶益母草（*Leonurus sibiricus*）

唇形科（Labiatae）益母草属益母草（*Leonurus japonicus*）

茄科（Solanaceae）番茄属番茄（*Lycopersicon esculentum*）

茄科（Solanaceae）枸杞属枸杞（*Lycium chinense*）

茄科（Solanaceae）枸杞属宁夏枸杞（*Lycium barbarum*）

茄科（Solanaceae）曼陀罗属曼陀罗（*Datura stramonium*）

茄科（Solanaceae）茄属龙葵（*Solanum nigrum*）

茄科（Solanaceae）茄属茄（*Solanum melongena*）

玄参科（Scrophulariaceae）地黄属地黄（*Rehmannia glutinosa*）

玄参科（Scrophulariaceae）泡桐属毛泡桐（*Paulownia tomentosa*）

车前科（Plantaginaceae）车前属车前（*Plantago asiatica*）

车前科（Plantaginaceae）车前属大车前（*Plantago major*）

车前科（Plantaginaceae）车前属平车前（*Plantago depressa*）

茜草科（Rubiaceae）茜草属茜草（*Rubia cordifolia*）

忍冬科（Caprifoliaceae）忍冬属金银忍冬（*Lonicera maackii*）

葫芦科（Cucurbitaceae）黄瓜属马泡瓜（*Cucumis melo* var. *agrestis*）

葫芦科（Cucurbitaceae）栝楼属栝楼（*Trichosanthes kirilowii*）

葫芦科（Cucurbitaceae）西瓜属西瓜（*Citrullus lanatus*）

菊科（Compositae）白酒草属小蓬草（*Conyza canadensis*）

菊科（Compositae）百日菊属百日菊（*Zinnia elegans*）

菊科（Compositae）苍耳属苍耳（*Xanthium sibiricum*）

菊科（Compositae）翅果菊属翅果菊（*Pterocypsela indica*）

菊科（Compositae）狗娃花属阿尔泰狗娃花（*Heteropappus altaicus*）

菊科（Compositae）鬼针草属鬼针草（*Bidens pilosa*）

菊科（Compositae）鬼针草属金盏银盘（*Bidens biternata*）

菊科（Compositae）鬼针草属狼杷草（*Bidens tripartita*）

菊科（Compositae）鬼针草属婆婆针（*Bidens bipinnata*）

菊科（Compositae）蒿属艾（*Artemisia argyi*）

菊科（Compositae）蒿属黄花蒿（*Artemisia annua*）

菊科（Compositae）蒿属碱蒿（*Artemisia anethifolia*）

菊科（Compositae）蒿属蒌蒿（*Artemisia selengensis*）

菊科（Compositae）蒿属野艾蒿（*Artemisia lavandulifolia*）

菊科（Compositae）蒿属茵陈蒿（*Artemisia capillaris*）

菊科（Compositae）蒿属猪毛蒿（*Artemisia scoparia*）

菊科（Compositae）黄顶菊属黄顶菊（*Flaveria bidentis*）

菊科（Compositae）蓟属刺儿菜（*Cirsium segetum*）

菊科（Compositae）碱菀属碱菀（*Tripolium vulgare*）

菊科（Compositae）苦苣菜属苣荬菜（*Sonchus arvensis*）

菊科（Compositae）苦苣菜属苦苣菜（*Sonchus oleraceus*）

菊科（Compositae）鳢肠属鳢肠（*Eclipta prostrata*）

菊科（Compositae）马兰属全叶马兰（*Kalimeris integrifolia*）

菊科（Compositae）泥胡菜属泥胡菜（*Hemistepta lyrata*）

菊科（Compositae）蒲公英属蒲公英（*Taraxacum mongolicum*）

菊科（Compositae）秋英属秋英（*Cosmos bipinnata*）

菊科（Compositae）乳苣属乳苣（*Mulgedium tataricum*）

菊科（Compositae）向日葵属菊芋（*Helianthus tuberosus*）

菊科（Compositae）向日葵属向日葵（*Helianthus annuus*）

菊科（Compositae）小苦荬属抱茎小苦荬（*Ixeridium sonchifolium*）

菊科（Compositae）小苦荬属中华小苦荬（*Ixeridium chinense*）

菊科（Compositae）旋覆花属旋覆花（*Inula japonica*）

菊科（Compositae）鸦葱属华北鸦葱（*Scorzonera albicaulis*）

菊科（Compositae）鸦葱属蒙古鸦葱（*Scorzonera mongolica*）

香蒲科（Typhaceae）香蒲属水烛（*Typha angustifolia*）

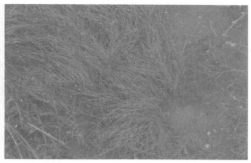

眼子菜科（Potamogetonaceae）眼子菜属篦齿眼子菜（*Potamogeton pectinatus*）

眼子菜科（Potamogetonaceae）眼子菜属眼子菜（*Potamogeton distinctus*）

眼子菜科（Potamogetonaceae）眼子菜属菹草（*Potamogeton crispus*）

茨藻科（Najadaceae）茨藻属大茨藻（*Najas marina*）

花蔺科（Butomaceae）花蔺属花蔺（*Butomus umbellatus*）

禾本科（Gramineae）白茅属白茅（*Imperata cylindrica*）

禾本科（Gramineae）稗属稗（*Echinochloa crusgalli*）

禾本科（Gramineae）稗属长芒稗（*Echinochloa caudata*）

禾本科（Gramineae）臭草属臭草（*Melica scabrosa*）

禾本科（Gramineae）鹅观草属鹅观草（*Roegneria kamoji*）

禾本科（Gramineae）鹅观草属纤毛鹅观草（*Roegneria ciliaris*）

禾本科（Gramineae）刚竹属早园竹（*Phyllostachys propinqua*）

禾本科（Gramineae）高粱属高粱（*Sorghum bicolor*）

禾本科（Gramineae）狗尾草属狗尾草（*Setaria viridis*）

禾本科（Gramineae）狗尾草属金色狗尾草（*Setaria pumila*）

禾本科（Gramineae）狗牙根属狗牙根（*Cynodon dactylon*）

禾本科（Gramineae）虎尾草属虎尾草（*Chloris virgata*）

禾本科（Gramineae）画眉草属画眉草（*Eragrostis pilosa*）

禾本科（Gramineae）画眉草属小画眉草（*Eragrostis minor*）

禾本科（Gramineae）碱茅属朝鲜碱茅（*Puccinellia chinampoensis*）

禾本科（Gramineae）碱茅属碱茅（*Puccinellia distans*）

禾本科（Gramineae）碱茅属星星草（*Puccinellia tenuiflora*）

禾本科（Gramineae）孔颖草属白羊草（*Bothriochloa ischaemum*）

禾本科（Gramineae）赖草属羊草（*Leymus chinensis*）

禾本科（Gramineae）芦苇属芦苇（*Phragmites australis*）

禾本科（Gramineae）芦竹属芦竹（*Arundo donax*）

禾本科（Gramineae）马唐属马唐（*Digitaria sanguinalis*）

禾本科（Gramineae）马唐属毛马唐（*Digitaria ciliaris* var. *chrysoblephara*）

禾本科（Gramineae）米草属互花米草（*Spartina alterniflora*）

禾本科（Gramineae）牛鞭草属牛鞭草（*Hemarthria altissima*）

禾本科（Gramineae）䅟属牛筋草（*Eleusine indica*）

禾本科（Gramineae）黍属发枝黍（*Panicum capillare*）

禾本科（Gramineae）小麦属小麦（*Triticum aestivum*）

禾本科（Gramineae）野黍属野黍（*Eriochloa villosa*）

禾本科（Gramineae）隐子草属宽叶隐子草（*Cleistogenes hackelii* var. *nakaii*）

禾本科（Gramineae）玉蜀黍属玉蜀黍（*Zea mays*）

禾本科（Gramineae）獐毛属獐毛（*Aeluropus sinensis*）

莎草科（Cyperaceae）藨草属扁秆藨草（*Scirpus planiculmis*）

莎草科（Cyperaceae）莎草属具芒碎米莎草（*Cyperus microiria*）

莎草科（Cyperaceae）莎草属头状穗莎草（*Cyperus glomeratus*）

莎草科（Cyperaceae）藨草属三棱水葱（*Schoenoplectus triqueter*）

莎草科（Cyperaceae）藨草属水葱（*Schoenoplectus tabernaemontani*）

莎草科（Cyperaceae）薹草属寸草（*Carex duriuscula*）

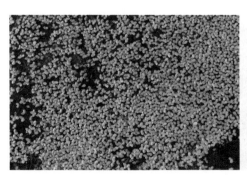
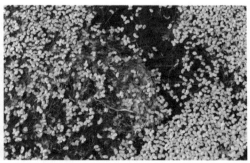

浮萍科（Lemnaceae）浮萍属浮萍（*Lemna minor*）

浮萍科（Lemnaceae）紫萍属紫萍（*Spirodela polyrrhiza*）

百合科（Liliaceae）葱属葱（*Allium fistulosum*）

百合科（Liliaceae）丝兰属凤尾丝兰（*Yucca gloriosa*）

百合科（Liliaceae）萱草属萱草（*Hemerocallis fulva*）

鸢尾科（Iridaceae）鸢尾属马蔺（*Iris lactea* var. *chinensis*）

附录 3 天津市北大港湿地自然保护区植被与 植物多样性科考野外工作照

主要参考资料

河北植物志编辑委员会 . 河北植物志（第二卷）. 石家庄：河北科学技术出版社，1989.

河北植物志编辑委员会 . 河北植物志（第三卷）. 石家庄：河北科学技术出版社，1991.

河北植物志编辑委员会 . 河北植物志（第一卷）. 石家庄：河北科学技术出版社，1986.

贺士元，等 . 北京植物志（修订版）. 北京：北京出版社，1993.

刘家宜 . 天津植物名录 . 天津：天津教育出版社，1995.

刘家宜 . 天津植物志 . 天津：天津科学技术出版社，2004.

吴征镒，等 . 世界种子植物科的分布区类型系统 . 云南植物研究，2003(3):245-257.

吴征镒 .《世界种子植物科的分布区类型系统》的修订 . 云南植物研究，2003(5):535-538.

吴征镒 . 中国植被 . 北京：科学出版社，1995.

吴征镒 . 中国种子植物属的分布区类型 . 云南植物研究，1991（增刊Ⅳ）：1-139.

中国科学院植物研究所 . 中国高等植物图鉴（第二册）. 北京：科学出版社，1972.

中国科学院植物研究所 . 中国高等植物图鉴（第三册）. 北京：科学出版社，1974.

中国科学院植物研究所 . 中国高等植物图鉴（第四册）. 北京：科学出版社，1975.

中国科学院植物研究所 . 中国高等植物图鉴（第五册）. 北京：科学出版社，1976.

中国科学院植物研究所 . 中国高等植物图鉴（第一册）. 北京：科学出版社，1991.

致谢

　　天津市北大港湿地自然保护区植被与植物多样性研究的野外调查工作由天津师范大学的安桐彤、曹慧博、方剑、郭怿、黄秋双、孔庆庆、李一鸣、刘家蕊、罗丹、万鹏程和颜潇等人参与完成；野外调查的数据整理工作由天津师范大学的戴紫铃、李权洲、刘家蕊、吕丹然、万鹏程、徐宝凤、许凌暄和张瑞等人参与完成；以往文献的收集整理工作由天津师范大学的贺梦璇博士和孟伟庆副教授参与完成。植被与植物多样性研究报告修改过程中，获得了北京师范大学张正旺教授、南开大学李洪远教授、天津师范大学刘百桥教授和胡蓓蓓副教授的大力支持。植被与植物多样性研究工作获得了保尔森基金会（中国）和北京师范大学的支持，保尔森基金会（中国）的石建斌先生和干晓静女士为研究的推进创造了条件，北京师范大学的阙品甲博士、雷维蟠博士和刘金博士提供了必要的帮助。此外，天津市北大港湿地自然保护区管理中心的尚成海主任、阳积文副主任、孙宝年副主任、李珣、刘勇、南阳、孙洪义、吴鹏、姚庆峰、张欣达和周德敏等同志为科考工作提供了便利。在此，谨向上述单位和个人致以最诚挚的谢意！